生态环境监测技术与实践创新研究

王振华　黄　松　张蓓蓓　著

吉林科学技术出版社

图书在版编目（CIP）数据

生态环境监测技术与实践创新研究 / 王振华，黄松，张蓓蓓著． -- 长春：吉林科学技术出版社，2023.8
　　ISBN 978-7-5744-0924-8

　　Ⅰ．①生… Ⅱ．①王… ②黄… ③张… Ⅲ．①生态环境－环境监测－研究 Ⅳ．① X835

　　中国国家版本馆 CIP 数据核字（2023）第 197962 号

生态环境监测技术与实践创新研究

著　　　者	王振华　黄　松　张蓓蓓
出 版 人	宛　霞
责任编辑	王凌宇
封面设计	树人教育
制　　版	树人教育
幅面尺寸	185mm×260mm
开　　本	16
字　　数	290 千字
印　　张	13
印　　数	1-1500 册
版　　次	2023 年 8 月第 1 版
印　　次	2024 年 2 月第 1 次印刷
出　　版	吉林科学技术出版社
发　　行	吉林科学技术出版社
地　　址	长春市南关区福祉大路 5788 号出版大厦 A 座
邮　　编	130118

发行部电话 / 传真　0431—81629529　　81629530　　81629531
　　　　　　　　　　81629532　　81629533　　81629534

储运部电话　0431—86059116

编辑部电话　0431—81629520

印　　刷	三河市嵩川印刷有限公司
书　　号	ISBN 978-7-5744-0924-8
定　　价	80.00 元

前　言

　　环保工作与人民生活息息相关，它是民生工作中至关重要的一环，故而一定要把提升人民生活质量作为最初的起点，切实做好环境治理工作，创建并优化环境监管系统，促进中国的环保工作上升到全新的高度。全世界经济水平迅速提升，普通民众比较关心的问题是环境方面的恶劣变化，而这方面的问题也是全球瞩目的。不断深化的环境污染问题威胁着人类的生活，这是人类无法视而不见的情况。人类监视环境变化与对其采取有关法律方面的限制是现阶段可做的监测环境的主要举措，人类目的在于保护环境，这必须先对环境开展测评，换句话说，环境监测是人类对环境污染治理的一种最有效的方法。假设人类不采取环境监测措施，所开展的有关环境治理的举措便缺少步骤，显得没有顺序，简单地说，假如不事先进行环境监测，接下来的活动可以说是很难开展的。所以，这项任务是环境治理中必不可少的关键步骤。

　　环境监测活动的开展需要科学合理的监测设备和高科技人员的储备，假如不具备这样的高端设施和人才，便无法有序地开展监测活动，致使下达的指令没办法完成，工作没有进展。所以，环境的科学治理不是一蹴而就的，需要长期的积累。我国对环境问题的重视程度与日俱增，对于企业的环保监督工作越来越密集，企业付出的环保成本也在迅速增加，这也迫使企业走向绿色节能产业之路，而回避用污染换利润的行业。环保工作是利国利民的，民众需要长期坚持把环保工作做到位。

　　本书主要研究生态环境监测技术方面的问题，涉及丰富的生态环境监测知识。它主要内容包括生态环境监测的基本知识、生态环境的可持续发展、生态环境技术的基础知识、生态环境监测实践等。本书在内容选取上既兼顾到知识的系统性，又考虑到可接受性，同时强调生态环境监测技术的应用性。本书涉及面广，技术新，实用性强，使读者能理论结合实践，获得知识的同时能够掌握技能，理论与实践并重，并强调理论与实践相结合。本书兼具理论与实际应用价值，可供相关教育工作者参考和借鉴。

　　由于笔者水平有限，本书难免存在不妥甚至谬误之处，敬请广大学界同仁与读者朋友批评指正。

目　录

第一章　生态环境监测概述

环境监测是环境科学的一个重要分支科学。环境化学、环境物理学、环境地学、环境工程学、环境医学、环境管理学、环境经济学以及环境法学等所有环境科学的分支学科，都需要在了解、评价环境质量及其变化趋势的基础上，才能进行各项研究和制定有关的管理及经济法规。"监测"一词的含义可理解为监视、测定、监控等含义，因此环境监测就是通过对影响环境质量因素的代表值的测定，确定环境质量（或污染程度）及其变化趋势。随着工业和科学的发展，监测包含的内容也扩展了。由对工业污染源的监测逐步发展到对大环境的监测，即监测对象不仅是影响环境质量的污染因子，而且还延伸到对生物、生态变化的监测；从确定环境实时质量到预测环境质量，例如，当发生突发性环境污染事故时，必须要根据污染源的数量、性质和水文资料（或气象资料），估算下游（或下风向）不同地点、不同时间和不同高度污染物浓度的变化，以确定处置方式和应对措施。

若想判断环境质量，仅对某一污染物进行某一地点、某一时刻的分析测定肯定是不够的，必须对各种有关的污染因素、环境因素在一定时间、空间范围内进行测定，分析其综合测定数据，才能对环境质量作出确切评价。因此，环境监测包括对污染物分析测试的化学监测（包括物理化学方法）；对物理（或能量）因子——热、声、光、电磁辐射、振动及放射性等的强度、能量和状态测试的物理监测；对生物由于环境质量变化所出现的各种反应和信息，如受害症状、生长发育、形态变化等测试的生物监测；对区域种群、群落的迁移变化进行观测的生态监测。

环境监测的过程一般为：现场调查→监测方案制订→优化布点→样品采集→运送保存→分析测试→数据处理→综合评价等。

从信息技术角度看，环境监测是环境信息的捕获→传递→解析→综合的过程。只有在对监测信息进行解析、综合的基础上，才能全面、客观、准确地揭示监测数据的内涵，对环境质量及其变化作出客观的评价。

环境监测的对象包括反映环境质量变化的各种自然因素、对人类活动与环境有影响的各种人为因素、对环境造成污染危害的各种成分。

环境监测是环境科学中重要的基础学科，也是一门理论、实践并重的应用学科，只有通过实践才能掌握、应用和提高。

第一节　生态环境监测的基本概念

一、生态环境监测的定义

生态监测作为一种系统地收集地球自然资源信息的技术方法，起始于 20 世纪 60 年代后期。我国的生态监测兴起于 70 年代，至今已开展了一系列的环境、资源和污染的调查与研究工作，各相关部门和单位相继建立了一批生态观测定位站和生态（环境）监测站，对部分区域乃至全国的生态环境进行了连续监测、调查和分析评价。但多年来，人们对于生态监测的概念始终有着不同的理解。万本太等在《中国环境监测技术路线研究》一书中是这样阐述的：生态监测（Ecological Monitoring）是以生态学原理为理论基础，运用可比的和较成熟的方法，对不同尺度的生态环境质量状况及其变化趋势进行连续观测和评价的综合技术。

结合环保部门生态保护的工作职责，生态环境监测至少应该包括两部分，一是监测生态环境质量；二是监督对生态环境有影响的自然资源开发利用活动、重要生态环境建设和生态破坏恢复工作。作为环境监测的重要组成部分，生态环境监测既是一项基础性工作，为生态保护决策提供可靠数据和科学依据；又是一种技术行为，为生态保护管理提供技术支撑和技术服务。因此，我们在前人研究成果基础上将生态环境监测定义为：生态环境监测（Eco-environmental Monitoring），又称生态监测，是以生态学原理为理论基础，综合运用可比的和较成熟的技术方法，对不同尺度生态系统的组成要素进行连续监测，从而获取最具代表性的信息，评价生态环境状况及其变化趋势的技术活动。

二、生态环境监测的原理和方法

生态环境监测实际上是环境监测的深入与发展。由于生态系统本身的复杂性，想要完全将生态系统的组成、结构、功能进行全方位的监测十分困难。生态学理论的不断完善，特别是景观生态学的飞速发展，为生态监测指标的筛选、生态质量评价方法的建立以及生态系统管理与调控提供了理论依据和系统框架。生态学的基础理论中，研究生态系统组成要素、结构与功能、发展与演替以及人为影响与调控机制的生态系统，其中生态学原理更为生态监测提供了理论依据。生态系统生态学的研究领域主要涵盖了自然生态系统的保护和利用，生态系统的调控机制，生态系统退化的机理、恢复模型与修复技术，生态系统可持续发展问题以及全球生态问题等。景观生态学中的一些基础理论，如景观结构和功能原理、生物多样性原理、物种流动原理、养分再分配原理、景观变化原理、等级（层次）理论、空间异质性原理等，目前已经成为指导生态环境监测的基本思想。这些理论研究从宏观上揭示生物与其周围环境之间的关系和作用规律，为有效保护自然资源和合理利用自然资源提供了科学依据，也为生态监测提供了理论基础。

在监测技术方法方面，由于生态监测具有较强的空间性，在实际监测工作中不仅需要使用传统的物理监测、化学监测和生物监测技术方法，更需要使用现代的遥感监测技术方法，同时结合先进的地理信息系统与全球定位系统等技术手段。

三、生态环境监测的任务

生态环境监测的基本任务是对生态环境状况、变化以及人类活动引起的重要生态问题进行动态监测，对破坏的或退化的生态系统在人类治理过程中的恢复过程进行监测，通过长时间序列监测数据的积累，建立数学模型，研究生态环境状况和各种生态问题的演变规律及发展趋势，为预测预报和影响评价奠定基础等，寻求符合国情的资源开发治理模式及途径，为国家和各级政府、部门以及社会各界开展生态保护、科学研究和问题防控等提供可靠数据和科学依据，有效保护和改善生态环境质量，促进国民经济持续协调发展。

具体来说，生态环境监测的主要任务涉及以下几个方面：

（1）监测人类活动影响下的生态环境的组成、结构和功能现状和动态，综合评估生态环境质量现状和变化，揭示生态系统退化、受损机理，同时预测其变化趋势。

（2）监测自然资源开发利用活动、重要生态环境建设和生态破坏恢复工作所引起的生态系统的组成、结构和功能变化，评估生态环境受到的影响，以合理利用自然资源，保护生存性资源和生物多样性。

（3）监测人类活动所引起的重要生态问题在时间以及空间上动态变化，如城市热岛问题、沙漠化问题、富营养化问题等，评估其影响范围和不利程度，分析问题形成的原因、机理以及变化规律和发展趋势，通过建立数学模型，研究预测预报方法，探讨生态恢复重建途径。

（4）监测生态系统的生物要素和环境要素特征，揭示动态变化规律，评价主要生态系统类型服务功能，开展生态系统健康诊断和生态风险评估，以保护生态系统的整体性及再生能力。

（5）监测环境污染物在生物链中的迁移、转化和传递途径，分析和评估其对生态系统组成、结构和功能的影响。

（6）长期连续地开展区域生态系统组成、结构、格局和过程监测，积累生物、环境和社会等各方面监测数据，通过分析和研究，揭示区域甚至全球尺度生态系统对全球变化的响应，以保护区域生态环境。

（7）支撑政府部门制定生态与环境相关的法律法规，建立并完善行政管理标准体系和监测技术标准体系，为开展生态环境综合管理奠定行政、法律和技术基础．

（8）支持国际上一些重要的生态研究及监测计划，如 GEMS、MAB、IGBP 等，合作开展生物多样性变化、多种空间尺度的生物地球化学循环变化、生态系统对气候变化及气候波动的响应以及人类－自然耦合生态系统等的监测与科学研究

四、生态环境监测的特点

生态环境是人类赖以生存和发展的各种生态因子和生态关系的总和，是环境受到人类活动影响的产物，涉及水圈、土圈、岩石圈和生物圈等自然环境，同时也涉及与人类活动相关的社会环境。生态环境本身的极端复杂性，决定了生态环境监测具有明显的综合性、长期性和复杂性等特点。

（一）综合性

在生态环境构成中，自然环境包括水、土、气、生物等多个要素，各要素之间又具有复杂的相互作用关系，且类型多样、空间差异显著，加之社会环境受到人类的影响具有多重性和不确定性，这些都要求生态监测不仅要监测生物要素，还要监测水、土、气等环境要素，同时还需要关注社会要素。另外，生态环境监测数据包括遥感监测数据、地面监测数据、调查与统计数据等，多源性、异构性和专业性特征显著，需要结合起来科学使用，采用综合评估的方法，真实客观地反映生态环境质量状况、变化以及发展趋势。再有，某一个生态效应往往是几个因素综合作用结果，例如水体受到污染的问题，通常是多种污染物并存，由此产生的生态效应也是多种污染物耦合作用的结果，通过生态环境监测手段可以综合反映水体污染状态或效应，传统的理化监测方法则无法反映这种复杂的关系。

（二）长期性

在生态环境的发展和变化过程中，自然生态变化过程十分缓慢，再加上生态系统自身具有自我调控功能，短期的监测结果往往不能反映生态环境的实际情况。而且，生态环境本身的变化也不可能在短时间内被集中显现，而是一个渐变的过程，从量变

的不断累积，最终发展到质变的飞跃。只有适应这些客观规律来开展长期连续的生态环境监测，才能累积起长时间序列和多空间尺度的数据，从中探寻并揭示生态环境演变规律及发展趋势。

（三）复杂性

由前述的定义可知，生态环境是一个庞大的动态系统，不仅组成要素复杂，而且各要素彼此之间具有相互依赖、相互促进、相互制约的多种作用关系；同时，人类活动对生态系统的干扰日益强烈，使得生态变化过程更趋复杂。由此可见，在生态监测中要区分开是自然的演变过程还是人为干扰的影响效应十分困难。与此同时，人类对生态过程的认识也是逐步深入的，对生态环境变化规律的发现和掌握也是一点一点清晰起来的。因此，可以说生态监测是一项涉及多学科、多部门的、极复杂的系统工程。

五、生态环境监测的内容

生态环境监测的对象就是生态环境的整体。从层次上可将监测对象划分为个体、种群、群落、生态系统和景观等 5 个层次。生态环境监测的内容包括自然环境监测和社会环境监测两大部分，具体包括环境要素监测、生物要素监测、生态格局监测、生态关系监测和社会环境监测。

（1）环境要素监测：对生态环境中的非生命成分进行监测，既包括自然环境因子监测（如气候条件、水文条件、地质条件等自然要素监测），也包括环境因子监测（如大气污染物、水体污染物、土壤污染物、噪声、热污染、放射性、景观格局等人类活动影响下的环境监测）。

（2）生物要素监测：对生态环境中的生命成分进行监测，既包括对生物个体、种群、群落、生态系统等的组成、数量、动态的统计、调查和监测，也包括污染物在生物体中的迁移、转化和传递过程中的含量及变化监测。

（3）生态格局监测：对一定区域范围内生物与环境构成的生态系统的组成组合方式、镶嵌特征、动态变化以及空间分布格局等进行的监测。

（4）生态关系监测：对生物与环境相互作用及其发展规律进行的监测。围绕生态演变过程、生态系统功能、发展变化趋势等开展监测和分析研究，既包括监测自然生态环境（如自然保护区）监测，也包括受到干扰、污染或得到恢复、重建、治理后的生态环境监测。

（5）社会环境监测：人类是生态环境的主体，但人类本身的生产、生活和发展方式也在直接或间接地影响生态环境的社会环境部分，反过来再作用于人类这个主体本身。因此，对社会环境，包括政治、经济、文化等进行监测，也是生态监测的重要内容之一。

六、生态环境监测的类型

从生态环境监测的发展历史来看，人们在划分生态环境监测类型的时候方法有很多，各有侧重。

（一）按照不同生态系统进行划分

最常见的生态监测类型划分方法是依据监测的不同生态系统，将生态监测划分为森林生态监测、草原生态监测、湿地生态监测、荒漠生态监测、海洋生态监测、城市生态监测、农村生态监测等类型。这种划分方法突出了生态系统层次的生态监测，旨在通过监测获得关于该类生态系统的组成、结构和动态变化资料等，分析并研究生态系统现状、受干扰（多指人类活动干扰）程度、承载能力、发展变化趋势等。

（二）按照不同空间尺度进行划分

按照不同空间尺度，人们通常把生态监测划分为宏观生态监测和微观生态监测两大类型，二者相辅相成、互为支撑。

（1）宏观生态监测：在景观或更大空间尺度上（如区域尺度、全球尺度）监测生态环境状况、变化及人类活动对生态环境的时空影响。宏观生态监测一般采用遥感（RS）、地理信息系统（GIS）以及全球定位系统（GPS）等空间信息技术手段获取较大范围的遥感监测数据，也可采用区域生态调查和生态统计的手段获取生态地面监测和调查数据。

（2）微观生态监测：监测的地域等级最大可包括由几个生态系统组成的景观生态区，最小也应代表着单一的生态类型。微观生态监测多以大量的生态定位监测站为基地，以物理、化学或生物学的方法获取生态系统各个组分的属性信息。根据监测的具体内容，微观生态监测又可分为干扰性生态监测、污染性生态监测、治理性生态监测以及生态环境质量综合监测，常用的方法有生物群落调查法、指示生物法、生物毒性法等。

（三）按照不同目的属性进行划分

按照不同的目的属性，可将生态监测划分为综合监测和专题监测。综合监测以获取生态环境质量为目标，需要对生态环境的各要素进行监测与调查，并通过建立综合性的数学模型来量化目标，并从各方面分析生态环境质量变化、原因和发展趋势。专题监测则是围绕特定的生态问题或资源开发、生态建设、生态破坏和恢复等活动进行的影响监测与评估，分析影响范围、程度和形成原因。

（四）按照不同技术方法进行划分

按照不同的技术方法，可将生态监测划分为生态遥感监测和生态地面监测。生态遥感监测是利用运载工具上的仪器，通过从远处收集生态系统各组分的电磁波信息以识别其性质的监测技术，多应用于宏观监测方面。生态地面监测是应用可比的方法，对一定区域范围内的生态环境或生态环境组合体的类型、结构和功能及其组成要素等进行系统的地面测定和观察，利用监测数据反映的生物系统间相互关系变化来评价人类活动和自然变化对生态环境的影响。

七、生态环境监测的问题与发展趋势

（一）存在的问题

相对而言，我国的生态监测起步较晚，虽然发展很快，但经验少、底子薄，各地区、各部门、各学科发展不平衡等是不争的事实。这造成了我国生态监测在发展过程中的局限性和差异性，使其不能很好地发挥作为生态保护"耳目"和"哨兵"的基础性作用。总结起来，目前我国的生态监测存在以下问题：

1.生态监测缺乏统一管理，部门间任务存在交叉和重复

生态监测是生态保护过程中一项极为复杂的系统工程，涉及到环保、农业、林业、海洋、气象、国土等多个部门。做好生态保护工作，需要各部门各单位的密切配合与团结协作。但在现实中，这几乎是一种奢望。我国目前的生态监测工作缺乏统一、有效的管理机制，各部门间缺乏联合与协作，没能形成统一规划和布局进行生态保护。尽管国务院"三定"方案对各部门的职责都进行了明确分工，但在具体开展工作的过程中，各部门仍由于对职责的理解不同，造成任务界定不清的问题，使生态监测工作出现交叉、重复和空白。

"三定"方案中，与环境监测有关并可能造成不同理解的职责主要有：①环境保护部职责中，有"制定和组织实施各项环境管理制度；按国家规定审定开发建设活动环境影响报告书；指导城乡环境综合整治；负责农村生态环境保护；指导全国生态示范区建设和生态农业建设"，有"负责环境监测、统计、信息工作；制定环境监测制度和规范；组织建设和管理国家环境监测网和全国环境信息网；组织对全国环境质量监测和污染源监督性监测"。②农业部职责中，有"组织农业资源区划、生态农业和

农业可持续发展工作；指导农用地、渔业水域、草原、宜农滩涂、宜农湿地、农村可再生能源的开发利用以及农业生物物种资源的保护和管理；负责保护渔业水域生态环境和水生野生动植物工作"。③国家林业局职责中，"组织全国森林资源调查、动态监测和统计"，"指导森林、陆生野生动物、湿地类型自然保护区的建设和管理"。④国土资源部：组织监测、防治地质灾害和保护地质遗迹；依法管理水文地质、工程地质、环境地质勘察和评价工作。监测、监督防止地下水的过量开采与污染，保护地质环境；认定具有重要价值的古生物化石产地、准地质剖面等地质遗迹保护区。

从上述各行业部门职责中不难看出，尽管国家对部门分工很明确，如农业部门负责农业（含农业生态环境）、林业部门负责林业（含林业资源）、国土部门负责资源（如土地资源）等，但他们对于环境监测职责却保持着各自的理解。大家都认为在自己的职责范围有开展行业性环境监测的任务，因而做了很多相同或相似的工作。如前面所述，各有关部门均在组建自己的生态环境监测网络，尽管目的或有不同，但就国家这一整体而言，无疑是一种极大的浪费。此外，由于部门壁垒尚未消除，监测信息共享困难，这也造成了管理上的困难。在利益驱使下，很多工作之间存在着很大的重叠。像近年来开展的耗资较大的生态环境状况调查，每个部门都争着去做，都希望建立自己的数据库。与建网建库建队伍相比，生态保护已不再是生态监测的最终目的，只不过是一张保护伞。在这种本末倒置的情况下，即使国家投入再高，也不可能取得良好效果。

与此相反，各部门各单位在过分依赖遥感技术开展宏观生态监测的同时，也忽略了地面微观生态监测工作的开展，使生态监测工作出现"瘸腿"现象；同时，对生态地面监测的技术体系和法制保障体系建设未能给予足够重视，致使其进展缓慢，几乎还是空白。

2. 生态监测信息不够规范，信息共享与整合困难

以生态保护为最终目的的生态监测，是环境监测的一个重要组成部分，是以能够全面、及时、准确地反映生态环境状况及其变化趋势为直接目标并为生态保护管理与决策服务的综合性的技术行为。这要求不同时间和空间尺度的监测信息必须具备可比性和连续性。

然而，目前的生态监测技术仍不规范，监测指标不一，监测方法多样，评价方法千差万别。尽管环境保护部正式发布了《生态环境状况评价技术规范（试行）》（HJ/T192—2006），但由于实施时间不长，而且是部门标准，推广和宣传力度不够，除了全国环保系统外还没有被其他部门或单位广泛采用。由于没有科学统一的监测技术体系，各部门各单位的监测信息相互之间缺乏可比性和连续性，无法进行有效整合，造成了分析和评价上的片面性和局限性。同时，当前的生态监测技术体系的发展没有跟上科技发展的步伐，监测科研工作基础薄弱，创新能力更是有待提高。

3. 生态监测网络松散，国家级生态监测网络建立缓慢

建立管理有序、技术规范和信息共享的生态监测网络，是开展生态监测的重要保证。我国目前已有的生态监测网络多属行业性质，且各自独立，整体上处于一种松散的组织状态。监测结果只能反映某一区域或某一生态系统状况或某类生态问题，无法从整体上对生态环境状况进行把握，进而可能误导决策。尽管国家科技部从 2005 年起已经开始着手建立国家级生态监测网络，截至目前已有部分生态监测台站被纳入国家生态监测网络，但是距离形成一个全国性的、综合性的国家级生态监测网络，真正实现联网监测、分析和研究的国家生态监测网络仍要走很长一段路。

4. 环境监测法律依据不足，法制保障力度吸待加强

《中华人民共和国环境保护法》第十一条规定"国务院环境保护行政主管部门建立监测制度、制定监测规范，会同有关部门组织监测网络，加强对环境监测的管理。国务院和省、自治区、直辖市人民政府的环境保护行政主管部门，应当定期发布环境状况公报"，此外，我国还发布了一些污染防治方面的法律法规，像《中华人民共和国水污染防治法》《中华人民共和国环境噪声污染防治法》《中华人民共和国海洋环境保护法》《中华人民共和国固体废物污染环境防治法》《中华人民共和国放射性污染防治法》等。但直到目前，我国还没有一部较正式的法律法规对环境监测做出具体规定，无法给予其法制保障，生态监测法律方面几乎是一片空白。在无法可依、无规可守的现实面前，我国的生态监测举步维艰，直接造成了各部门各单位间任务不清、劳动重复、资源浪费的局面，这极大地影响了生态保护决策和效果。

5. 生态监测能力普遍较低，技术水平吸待提升

限于经济社会发展水平、监测指标和技术方法的复杂性以及监测投入浩大等各种原因，我国目前的生态监测能力从总体上看仍然很低，地区间及行业部门间的能力水平参差不齐。在全国各级环境监测（中心）站中，能够独立开展生态监测工作的很少。省级及部分地市级监测站之所以连续几年成功开展了生态环境质量评价工作，也是因为环境保护部从国家层面给予了支持，中国环境监测总站充分发挥组织、协调和技术指导作用，各省级环境监测站间互帮互助。但目前大部分监测站仍然存在不是没人员缺设备，就是没技术少经费的现象。

6. 生态监管体系尚未形成，生态监管力度不够

生态监测管理体系属环境监测管理体系范畴，是以开展生态监测为主要任务，以有效服务于生态环境管理和决策为主要目的的综合性技术支撑体系，由监测网络体系、监测指标体系、技术方法体系、监测和评价标准体系、法制保障体系构成。前面的几个问题已经表明，我国目前还没有形成这样一种科学体系，还不能对全国的生态环境

状况进行有效监管和统一监测,还不能对生态环境整体状况和变化趋势进行准确把握,所以不能为生态保护宏观决策和管理提供全面、客观和准确的科学依据。

(二)发展趋势

生态环境是人们生存和发展的基本载体,保护生态环境是关系到人们生产生活健康的重大民生工程。生态监测是政府宏观管理决策的重要基础,是生态与环境监管的"耳目"、"哨兵"、"尺子",发挥着为生态保护和环境监管提供技术支撑的重要作用,发挥着对工程建设和资源开发活动可能造成的生态影响进行技术监督的重要作用,发挥着正向引导政府开展生态与环境保护的重要作用。

2012 年 11 月,党的十八大将"建设生态文明"纳入社会发展"五位一体"总体布局,明确指出"建设生态文明,是关系人民福祉、关乎民族未来的长远大计",向全国人民发出了"努力建设美丽中国"的伟大号召。

2013 年 1 月,环境保护部正式印发《全国生态保护"十二五"规划》(环发 [2013]13号)。该"规划"明确指出我国生态环境整体恶化的趋势仍未得到根本遏制,同时提出"以严格生态环境监管和环境准入为手段,加强国家重点生态功能区、自然保护区、生物多样性保护优先区的保护和管理,保护和恢复区域主要生态功能,严格监管资源开发活动和生态环境准入,预防人为活动导致新的生态破坏,深化生态示范建设,构筑生态安全屏障,为全面建成小康社会奠定基础。"

综上所述,我国的生态监测在当前新的历史条件下,迎来了加速发展的重要战略机遇期,必须要为建设生态文明提供强有力的技术支撑,在建设美丽中国的过程中发挥保驾护航的作用。从国家现实需求、生态监测现状以及监测技术发展历史规律来看,未来我国生态监测的总体发展趋势为:

(1)统一的国家生态环境监测网络正在逐步形成,地面监测技术与"3S"技术有机结合,从宏观和微观角度全面监测不同尺度生态环境状况。

(2)天地一体化的生态监测技术体系得以建立,技术方法趋向标准化、规范化、自动化和智能化,监测数据的可比性、连续性和代表性持续增强,监测仪器设备向多功能、集成化和系统化方向发展,监测业务由劳动密集型向技术密集型转变。

(3)生态环境综合评价技术更加完善,并逐步从现状评价与变化评价转向生态风险评价,能够实现生态变化方向的预测预警。

(4)计算机技术将推进遥感监测、地面定点监测、调查与统计数据的有机结合,生态监测业务化平台的数字化、网络化和智能化水平将大幅提升。

(5)国际合作与交流更加紧密,大型生态监测与科研项目更多展开实施,区域生态监测信息联网共享成为可能。

第二节　生态环境评价的基本概念

一、生态环境评价的内涵

生态环境是由生物群落及非生物自然因素组成的各种生态系统所构成的整体，主要或完全由自然因素形成，并间接、潜在、长远地对人类的生存和发展产生一定的影响。同时它又是人类赖以生存和发展的自然基础，经济和社会的发展必须以保持生态环境的稳定和平衡为前提。生态环境与社会经济的和谐发展是目前全世界面临的共同问题和挑战，而保护和改善生态环境已经成为当今世界各国和地区日益重视的重大课题。因此，对生态环境进行评价成为掌握生态环境状况及变化趋势、合理开发和利用资源、制定社会经济可持续发展规划和生态环境保护对策的重要依据。

生态环境评价是应用复合生态系统的特点以及生态学、地理学、环境科学等学科的理论和技术方法，对评价对象的组成、结构、生态功能与主要生态过程、生态环境的敏感性与稳定性、系统发展演化趋势等进行综合评价分析，以认识系统发展的潜力与制约因素，评价不同的政策和措施可能产生的结果。进行生态环境评价是协调复合生态系统发展与环境保护关系的需要，也是制定生态规划方案、开展生态环境管理的基础。

二、生态环境监测与评价的关系

生态环境监测和生态环境评价是紧密联系的两个过程。生态环境监测是开展评价的重要基础和技术支撑，而生态环境评价又是在监测获取的数据基础上完成，同时生态环境评价对监测具有重要指导意义，根据评价的具体目标确定要开展哪些生态环境指标的监测、获取哪些环境要素的数据、采用哪种监测手段和监测技术。生态环境评价结果的可靠性和科学性与生态环境监测密切相关，监测获得的数据的准确性对评价结果产生很大影响，因此，在生态环境监测过程中，监测行为的科学性和规范性至关重要，是保证监测数据真实客观的首要条件。科学监测要求在监测过程中，必须以科学的态度、用严密的方法、凭可靠的手段、靠先进的技术、靠有效的管理，有条不紊地开展监测工作。

三、生态环境评价的分类

生态环境的层次性、复杂性和多变性决定了对其状况进行评价的难度。由于不同时期出现的生态系统问题不同，人们对生态系统的认识程度也在逐渐深入，因此，反映在人们观念意识中的生态环境状况也不断变化，基于此基础之上的生态环境评价也就不同。

从生态环境评价的研究对象来看，总体上可以分成两类：一是对生态环境所处的状态，即生态环境的状况进行评价；二是对生态环境的服务功能与价值进行评价。但两者之间的界限是模糊的、相互重叠的。生态环境状况评价主要包括生态环境质量评价、生态安全评价、生态风险评价、生态稳定性评价、生态环境的脆弱性评价、生物多样性评价、工程影响评价和生态健康评价等。而生态环境的价值评价直到1997年由 Daily 主编的《大自然的贡献：社会依赖于自然生态系统》（Nature's Services：Societal Dependence on Nature Ecosystems）一书的出版，以及同年 Constanza 等的文章《The value of the world's ecosystem services and natural capital》在 Nature 杂志上发表才真正成为当前生态学研究的热点内容。这两类评价在研究内容和方法上均存在较大的差异。现将国内外各种文献资料中的主要生态环境评价类型简述如下：

（一）生态环境质量评价

生态环境质量是指生态环境的优劣程度，它以生态学理论为基础，在特定时空范围内，从生态系统层次上反映生态环境对人类生存及社会经济持续发展的适宜程度，是根据人类的具体要求对生态环境的性质及变化状态的结果进行评定。生态环境质量评价就是根据特定的目的，选择具有代表性、可比性、可操作性的评价指标和方法，对生态环境的优劣程度及其影响作用关系进行定性或定量的分析和判断。

生态环境的层次性、复杂性和多变性特征决定了质量评价的难度，同时由于人们对生态环境的要求和关注的角度不同，对其本质属性的外部特征——生态环境状态的理解也就有所不同，因此在此基础上的生态环境质量评价也就不同。有学者认为生态环境质量评价的类型主要包括：关注生态问题的生态安全和生态风险评价、关注生态系统对外界干扰的抗性的生态稳定性和脆弱性评价、关注生态系统服务功能和价值的生态系统服务评价、关注生态系统承载能力的生态环境承载力评价以及关注生态系统健康状况的生态系统健康评价等。我们认为生态环境质量评价仅为生态环境评价中生态环境状况评价类型下的一个亚类型，与生态安全评价、生态风险评价、生态系统健康评价等同属于生态环境状况评价类型。

如果生态环境质量评价依据的是生态环境现状信息，为生态环境质量现状提供评价；如果应用了生态环境变化的预测信息，则为生态环境质量的预断评价；如果目标是评价生态系统质量变化与工程对象的作用影响关系，可以称其为生态环境影响评价。生态环境质量评价是生态环境评价的重要组成部分，从这种意义上讲，生态环境质量评价，就是评价生态系统结构和功能的动态变化形成的生态环境质量的优劣程度。生态环境质量评价是一项综合性系统性研究工作，涉及自然及人文等学科的许多领域，其中生态学、环境科学及资源科学的理论与方法对指导生态环境质量评价具有重要意义。

我国生态环境质量评价起初主要针对城市环境污染现状进行调查和评价，至20世纪80年代开始对工程项目进行影响评价。随后，生态环境质量评价的研究领域逐步由城市环境质量评价发展到水体、农田、旅游等诸多领域，研究内容及研究深度则由单要素评价向区域环境的综合评价过渡，由污染环境评价发展到自然和社会相结合的综合或整体环境评价，进而涉及土地可持续性利用、区域生态环境质量综合评价和环境规划等。1998年，原国家环保总局颁布了非污染生态评价技术指导规则，为我国生态评价的开展开创了新的局面。2006年，原国家环保总局发布了《生态环境状况评价技术规范（试行）》（HJ/T192–2006，以下简称《规范》），并在《规范》的指导下每年都在全国范围内开展生态环境质量评价，不少学者也采用该《规范》对国内典型地区的生态环境质量进行了评价以及对策研究，同时对该《规范》提出了很多建议。"十一五"期间，我国的生态环境监测与生态环境质量评价工作已逐步发展成为一项重要的例行工作，利用遥感影像每年开展全国生态环境质量监测与评价，数据源质量和技术方法也得以不断的提高和完善；国家重点生态功能区县域生态环境质量监测与评价考核的工作机制和技术体系已基本建立，在每年开展的国家重点生态功能区财政转移支付的生态环境保护效果评估中发挥着巨大作用；生态环境地面试点监测工作自2011年开始正式启动，对全国的重要区域和典型生态系统开展地面监测，获得了关于生物要素与环境要素的大量信息，进一步掌握了典型生态系统的生态环境质量现状，为真正说清生态环境质量状况及发展趋势、完善我国生态环境监测与评价体系提供了有力支持。

（二）生态安全评价

生态安全是国家安全和社会稳定的重要组成部分，具有战略性、整体性、层次性、动态性和区域性特点，保障生态安全是任何国家或区域在发展经济、开发资源时所必须遵循的基本原则之一。生态安全又可分为广义生态安全和狭义生态安全。广义生态安全指人类的健康、生活、娱乐、基本权利、生活保障、必要资源、社会秩序和适应环境变化的能力等不受威胁的状态，内容主要包括自然生态安全、经济生态安全和社会生态安全。狭义生态安全指自然和半自然生态系统的安全，即保持生态系统的健康状态和完整性。

无论是广义的还是狭义的生态安全，其本质都是使经济、社会和生态三者和谐统一，促进人类社会的可持续发展。其中社会安全是生态安全的出发点，经济安全是生态安全的动力，生物安全和环境安全是生态安全的物质基础，生态系统安全是生态安全的核心。生态安全评价是对特定时空范围内生态安全状况的定性或定量的描述，是主体对客体需要之间价值关系的反映。生态安全评价的主要内容包括评价主体、评价方案、评价指标及信息转换模式等。评价对象是在一定时空范围内的人类开发建设活动对环境、生态的影响过程与效应。生态安全的自身特点是要求生态安全评价的结果必须体现出整体性、层次性和动态性。

典型案例如左伟等（2003）结合联合国经济合作开发署及联合国可持续发展委员会（UNCSD）的概念框架，研究提出了区域生态安全评价的生态环境系统服务的概念框架，扩展了原模型中压力模块的含义，指出既有来自人文社会方面的压力，也有来自自然界方面的压力，并构建了满足人类需求的生态环境状态指标、人文社会压力指标及环境污染压力指标体系，作为区域生态安全评价指标体系。刘勇等（2004）以区域土地资源可持续发展为目标，研究构建了包括土地自然生态安全、土地经济生态安全、土地社会生态安全指标体系，选取 20 多项指标因子对嘉兴市 1991 年及 1997 年的土地资源安全状况进行综合评估。

（三）生态风险评价

生态风险评价是伴随着环境管理目标和环境观念的转变而逐渐兴起并得到发展的一个新的研究领域，它区别于生态影响评价的重要特征在于其强调不确定性因素的作用。

生态风险就是生态系统及其组分所承担的风险，它指在一定区域内具有不确定性的事故或灾害对生态系统及其组分可能产生的作用，这些作用的结果可能导致生态系统结构和功能的损伤，从而危及生态系统的安全和健康。生态风险评价一般包括四个部分：危害评价（Hazard Assessment）、暴露评价（Exposure Assessment）、受体分析（Receptor Assessment）和风险表征（Risk Characterization）。

区域生态风险评价是生态风险评价的重要内容，是在特定的区域尺度上描述和评估环境污染、人为活动和自然灾害对生态系统及其组分产生不利影响的可能性及大小的过程，其目的在于为区域风险管理提供一定的理论和技术支持。与单一地点的生态风险评价相比，区域生态风险评价所涉及的环境问题（包括自然和人为灾害）的成因以及结果具有区域性和复杂性。由于区域生态风险评价主要研究较大范围的区域生态系统所承受的风险，在评价时，必须考虑参与评价的风险源和其危害的结果以及评价受体的空间异质性，而这种空间异质性在非区域风险评价中是不必考虑的。

典型案例如 Zandbergen（1998）在城市流域的生态风险评价中采用了定性的标准，用无量纲表达各种评价指标的优良程度，以此作为风险管理者作出决策的基础依据。Crawford（2003）运用定性的风险评价方法成功地对由于贝壳养殖造成的 Tasmanian 海洋生态环境恶化进行了评价，并且指出了其他人类活动可能造成海洋生态恶化的风险级别，提出了为保护 Tasmania 海洋生态环境的海洋养殖管理计划。针对渔业造成的生态系统风险，Astles 等（2006）运用他们自己开发的一个定性风险矩阵对该风险进行了评价，认为在数据量有限以及对于渔业知识了解不多的情况下，定性风险评价方法对于渔业管理者和科学家在制定良好的管理方法上发挥了很大作用。

（四）生态系统健康评价

生态系统健康评价是研究生态系统管理的预防性、诊断性和预兆性特征以及生态系统健康与人类健康关系的综合性科学。自 1980 年代末提出生态系统健康概念及形成生态系统健康学以来，不同类型的生态系统健康评估、评价技术及体系成为生态系统健康和恢复生态学研究的焦点。1988 年，Schaeffer 等首次探讨了生态系统健康度问题；1999 年 8 月，"国际生态系统健康大会——生态系统健康的管理"在美国召开，将"生态系统健康评估的科学与技术"列为核心问题之一，提出"生态系统健康评价方法及指标体系"将成为 21 世纪生态系统健康研究的核心内容。作为全球陆地生态系统的重要类型和组成部分，国际上对森林生态系统的健康问题特别关注。许多学者对森林生态系统健康的定义、测度、评估和管理都进行了积极的探讨和实践，提出了一些理论、评价方法、评估途径，为解决陆地生态系统危机提供了新的概念和研究手段。

生态健康是指生态系统处于良好状态。处于良好健康状况下的生态系统不仅能保持化学、物理及生物完整性（指在不受人为干扰情况下，生态系统经生物进化和生物地理过程维持生物群落正常结构和功能的状态），还能维持其对人类社会提供的各种服务功能。从生态系统层次而言，一个健康的生态系统是稳定和可恢复的，即生态系统随着时间的进程保持活力并且能维持其自组织性（Autonomy），在受到外界胁迫发生变化时较容易恢复。衡量生态系统健康的因子有活力、组织、恢复力、生态系统服务功能的维持、管理选择、减少外部输入、对邻近系统的影响及对人类健康影响等八个方面，它们分属于不同的自然科学和社会科学研究范畴。衡量生态系统健康的因子中，活力、组织和恢复力最为重要，活力（Vigor）表示生态系统功能，可根据新陈代谢或初级生产力等来评价；组织（Organization）即生态系统组成及结构，可根据系统组分间相互作用的多样性及数量评价；恢复力（Resilience）也称抵抗能力，根据系统在胁迫出现时维持系统结构和功能的能力来评价。

（五）生态系统稳定性评价

生态系统稳定性是指生态系统在自然因素和人为因素共同影响下保持自身生存与发展的能力。生态系统稳定性评价应体现生态系统的层次性特点。稳定性的外延包括局域稳定性、全局稳定性、相对稳定性和结构稳定性（黄建辉，1994）等。稳定性的一些本质特征往往出现在较低的（群落以下）生物组织层次上（Hastings，1998）。Tilman（1996）曾在生态系统、群落和种群层次上提出了各自的稳定性特征。Loreau（2000）认为，种群层次的稳定性特征可能与群落及生态系统层次的稳定性不同。事实上，扰动胁迫可能会涉及到特定生态系统或群落中的各个生物组织层次，分别探讨各层次对扰动的响应机制以及层次之间的相互关系，对客观地反映生态系统稳定性本质可能更具积极意义。因此，在稳定性的外延中应反映出生物组织层次的内涵，如生态系统的稳定性、群落稳定性和种群稳定性等。

（六）生态脆弱性评价

生态脆弱性评价是指对生态系统的脆弱程度做出定量或者半定量的分析、描绘和鉴定。评价目的是为了研究生态系统脆弱性的成因机制及其变化规律，从而提出合理的资源利用方式和生态保护与生态恢复的措施，实现资源环境与社会经济的协调发展。由于生态脆弱性问题的复杂性，所以在评价时须注意以下几个方面：①生态系统是一个结构功能耦合的复杂系统，应综合分析多个互相联系的评价因子才能说明生态脆弱性的客观状态；②要兼顾内部性和外部性指标。自然生态系统本身不存在脆弱性，其脆弱性是由外界人类活动引起的，评价中应当综合考虑系统内部和外部因素；③不同尺度的生态系统有着不同的特征，评价时需要不同的指标体系和评价方法。

目前，生态脆弱性评价指标体系主要分为单一类型指标体系和综合性指标体系。单一类型指标体系是通过选取特定地理条件下的典型脆弱性因子而建立的，其结构简单、针对性强，能够准确表征区域环境脆弱的关键因子。例如，王经民和汪有科（1996）提出了评价黄土高原生态环境脆弱性的数学方法，对黄土高原105个水土流失重点县进行了脆弱度评价。综合性指标体系选取的指标所涉及的内容比较全面，能够反映生态系统脆弱性的自然状况、社会发展状况和经济发展状况等各个方面，既考虑环境系统内在功能与结构的特点又考虑生态系统与外界之间的联系。例如，Brooks等（2005）采用Delphi法，选定健康医疗、行政管理、教育状况3个领域中11项关键指标，从宏观上进行国家间生态脆弱性的量化及比较。目前，综合性指标体系主要包括以下4种：

①成因－结果表现指标体系,如赵跃龙(1999)建立了基于主要成因指标和结果表现指标的指标体系和脆弱度模型进行脆弱度的定量评价;②压力－状态－响应指标体系,如汪邦稳等(2010)利用该指标体系进行的基于水土流失的江西省生态安全评价研究;③敏感性－弹性－压力体系,如乔青等(2008)基于此指标体系对川西滇北农林牧交错带的生态脆弱性进行的研究;④多系统评价指标体系,综合水资源、土地资源、气候资源、社会经济等子系统脆弱因子建立指标体系,能够系统反映出区域生态环境的脆弱性,但由于各子系统之间的相互作用,选择的指标之间具有相关性。

(七)生态承载力评价

生态承载力评价是区域生态环境规划和实现区域生态环境协调发展的前提,目前尚处于研究探索阶段。区域生态环境承载力是指在某一时期的某种环境状态下,某区域生态环境对人类社会经济活动的支持能力,它是生态环境系统物质组成和结构的综合反映。区域生态环境系统的物质资源以及其特定的抗干扰能力与恢复能力具有一定的限度,即具有一定组成和结构的生态环境系统对社会经济发展的支持能力有一个"阈值"。这个"阈值"的大小取决于生态环境系统与社会经济系统两方面因素。不同区域、不同时期、不同社会经济和不同生态环境条件下,区域生态环境承载力的"阈值"也不同。

典型案例如岳东霞等(2009)基于生态足迹方法,利用地理信息系统的空间分析技术,从图斑、县、省三级不同空间尺度对2000年西北地区生态承载力的供给与需求进行定量计算和空间格局分析,结果表明:2000年整个西北地区生态承载力总供给小于总需求,处于生态赤字状态。赵卫等(2011)在区域生态承载力及其与资源、环境承载力相互关系的基础上,针对后发地区敏感的生态环境、强烈的发展愿景和以产业区域转移为主的后发优势战略,阐明了后发地区生态承载力的判定标准和衡量对象,构建了后发地区生态承载力概念模型,并与区域生态系统健康评价相结合,运用多目标规划,建立了后发地区生态承载力评价模型,对海峡西岸经济区生态承载力进行了综合评价。

(八)生态系统服务功能评价

生态系统不仅创造和维持了地球生命支持系统,形成了人类生存所必需的环境条件,还为人类提供了生活与生产所必需的食品、医药、木材及工农业生产的原材料。因此,良好的生态系统服务功能是健康的生态系统的重要反映,生态系统健康是保证生态系统功能正常发挥的前提,结构和功能的完整性、抵抗干扰和恢复能力、稳定性和可持续性是生态系统健康的重要特征。生态系统的服务功能主要包括有机质的合成与生产、生物多样性的产生与维持、调节气候、营养物质贮存与循环、植物花粉的传播与种子的扩散、有害生物的控制、减轻自然灾害等许多方面。最主要的生态系统功能体现在两个方面，一是生态服务功能，二是生态价值功能，这些功能是人类生存和发展的基础。总的来说，生态系统服务功能评价的方法主要有两种：一是指示物种评价，二是结构功能评价。结构功能评价包括单指标评价、复合指标评价和指标体系评价。指标体系评价又包括自然指标体系评价、社会－经济－自然复合生态系统指标体系评价。

典型案例如徐俏等（2003）以广州市为例，运用环境经济学的方法对城市生态系统服务功能进行价值评估，并在 GIS 平台上制定出其服务功能空间分级分布图。其结果表明广州市城市生态系统服务功能总价值为 202 亿元。如果考虑生态系统的直接经济价值，广州市不同类型生态系统的价值排序为：湿地＞经济林＞农田＞针叶林＞草地＞针阔混交林＞灌木林、疏林＞阔叶林。如果仅考虑其生态服务功能价值（即不考虑直接物质产品价值），则排序为：湿地＞林地＞草地＞农田。段晓峰和许学工（2006）采用市场价值、替代工程等方法基于县域尺度对山东省各地区森林生态系统的生产、游憩、改善大气环境、水土保持等服务功能进行价值评估，在游憩功能评价中从与以往不同的角度建立了新的价值评估指标。在森林生态系统服务功能价值计算的基础上，从结构、密度、质量三个方面建立了 6 项评价指标，采用多边形综合指标法对山东省各地区森林生态系统服务功能进行综合评价与分级。王斌等（2010）根据森林生态系统结构与功能特征，探讨了森林资源两类调查资料与定位观测资料相结合的森林生态系统服务功能评价方法，并以秦岭火地塘林区为例，将有林地小班按优势树种划分为12 个林分类型，并对各林分的供给功能、调节功能、文化功能和支持功能进行相关评价。

四、生态环境评价中存在的问题与未来发展趋势

生态环境评价经过几十年的发展，虽已形成了多种多样的评价方法和指标体系，但仍存在以下几个方面的问题（郭建平和李风霞，2007）：①生态环境评价指标体系仍不完善。生态环境质量评价不能离开评价的指标体系，而不同的研究者或在不同生态环境的研究中，由于研究人员对生态环境的理解或研究目的的不同，在指标系统的选择或同一指标的权重分配上存在很大的差异，从而有可能导致不同研究者对同一系统评价结果存在差异，特别是不同生态环境的评价结果无法进行直接比较。②生态环境的定量评价模型仍需进一步发展。现有的生态环境评价模型都是基于静态的评价模型，侧重于对生态环境的结构、功能、状态的研究，对生态过程变化的评价研究方法极少，而生态环境的管理又必然是对生态过程的调控，因此，动态的生态过程评价模型的建立是今后必须要开展的工作之一。③生态环境的评价手段仍需提高。随着生态环境评价从生态环境结构、功能、状态的评价向生态过程评价的发展，生态环境评价面对的

问题趋于复杂化和综合化，并且随着研究对象的时空尺度趋于长期化和全球化，研究方法趋于定量化，研究目的转向生态环境管理，传统的统计手段还无法完成这项工作，这就迫切需要一些新的技术手段来支撑生态环境评价。④生态环境评价方法仍需完善。生态环境服务功能的评估主观性还比较大，在方法的选择上通常会受到评估人的知识背景、个人喜好等方面的影响，从而导致评价结果的差异。

由于生态环境是一个自然－社会－经济的复合系统，它受到多种因素的影响，表现出复杂性和不确定性，因此，对生态环境的评价应该更加趋向于综合评价。通过综合评价才能正确理解什么叫时空尺度、小刚类，钽的生态环境之间的相瓦关系，才能作出准确的评价，从而指导人类作出明智的生态决策。

第三节　生态环境监测的技术与体系

生态环境监测技术是对现代化科学仪器设备的合理有效运用，对生态系统中的监测对象做出准确判断与科学分析，对收集获取的数据信息采取进一步的科学分析与系统对比，以分析出的结果为基础依据，制定科学可行的治理生态系统的方法措施。生态环境监测的技术和方案都要涉及以下几个环节，首先要提出存在的生态环境问题；其次就是对监测站点的选择；继而确定监测的方法、内容，同时要对生态环境监测的指标和要素进行确定；最后经过监测频度和场地等，对监测到的数据进行整理和分析。生态环境监测体系主要包括生态数据的获取及处理、生态因子的生成以及生态环境评价三部分。

一、生态环境监测的任务与原则

（一）生态环境监测的基本任务

生态环境监测的基本任务是对生态系统现状以及因人类活动所引起的重要生态问题进行动态监测，对破坏的生态系统在人类的治理过程中生态平衡恢复过程的监测，通过监测数据的收集、积累，研究上述各种生态问题的变化规律及发展趋势，建立数学模型，为预测、预报和影响评价打下基础。在这里需要注意以下几个方面：其一，提出合理的生态问题；其二，对监测站点位置做出合理选择；其三，确定合理监测周期。监测全过程各阶段以图像和监测数据为主，对其进行系统分析与科学处理，提供科学依据，有效保护和改善生态环境质量，促进国民经济能够持续协调地发展。具体来说，生态环境监测的主要任务涉及以下几个方面。

（1）监测人类影响下的生态环境的组成、结构和功能现状，以及综合评估生态环境质量现状和变化，揭示生态系统退化、受损机理，同时预测变化趋势。

（2）监测自然资源开发利用活动、重要生态环境建设和生态破坏恢复工作所引起的生态系统的组成、结构和功能变化，评估生态环境受到的影响，以合理利用自然资源，保护生存性资源和生物多样性。

（3）监测人类活动所引起的重要生态问题在时间以及空间上的动态变化，如城市热岛问题、沙漠化问题、富营养化问题等，评估其影响范围和不利程度，分析问题形成的原因、机理以及变化规律和发展趋势，通过建立数学模型，研究预测预报方法，探讨生态恢复重建途径。

（4）监测生态系统的生物要素和环境要素特征，揭示动态变化规律，评价主要生态系统类型服务功能，开展生态系统健康诊断和生态风险评估，以保护生态系统的整体性及再生能力。

（二）构建生态环境监测指标的原则

构建生态环境监测指标体系，应坚持的基本原则有以下几点：其一，代表性原则，对生态系统所具有的关键问题做出全面准确的反映；其二，敏感性原则，以生态环境内部对外部环境变化作为敏感因素，以此作为监测指标；其三，可操作性原则，以特点鲜明的生态系统指标为主，对此开展科学严格的监测。生态环境监测指标体系在设置方面，应对生态系统类型加以重点考虑，以代表性较强的基础要素为主，以此作为监测指标。一般而言，陆地生态系统以水文、植物与土壤等居多；水文生态系统以水质、微生物和水文等居多。此外，不同的生态系统应当基于具体特点去确定监测目标。

二、生态环境监测技术与应用

生态环境监测会产生大量数据和信息，其中包含水监测、地面监测、空气监测以及地理信息等。目前大部分地区都做到了生态环境监测的全覆盖，借助地面监测技术进行生态环境在线监测，实时把握区域内生态环境的实际情况，并通过分析监测数据帮助环境保护的顺利实施。其中的基本前提在于获取生态环境监测数据，当下在监测生态环境、保护生态环境的过程中主要使用色谱、光谱和3S技术等手段。

（一）色谱技术

色谱技术的常见方法有液相色谱分离、气相色谱分离、毛细管电泳等，例如在检测水质时使用气相色谱技术方法，分离监测水中的有机物，如 PHAs（多环芳烃类）。目前我国还建立了通过高效液相色谱法测定环境空气里的醛酮类化合物的标准。

（二）光谱技术

光谱技术在检测水环境方面发挥了重要作用，主要有紫外线可见吸收谱、原子发射光谱、原子吸收光谱、荧光光谱等技术方法，通过利用各种物质的独特光谱进行物质的定性或定量测定。国家已经建立数十种利用光谱技术监测水中污染物的技术标准与规范，例如测定水中的铁离子含量时使用邻菲哆啉分光光度测定法，使用紫外分光法测定水里的硝酸盐氮，利用甲醛污分光光度法测定水里的锰等。

（三）3S 技术

3S 技术是遥感（Remote Sensing，RS）技术、地理信息系统（Geographic Information System，GIS）全球定位系统（Global Positioning System，GPS）的统称，在生态环境监测及环保领域得到广泛应用。

RS 技术应用于生态环境监测时主要通过卫星实时远距离监测，基于电磁波的改变判断所监测空间的生态环境形成的动态信息，借此预判区域内的生态环境发展。在监测时使用 RS 技术的扫描功能、拍摄功能，可以采集到监测区域内的各方面的内容信息，包括植被生长情况、森林覆盖面积、生态环境污染指数以及气温闭环等。例如在对山西省森林资源展开生态环境监测作业时，通过 RS 技术既能实时监测山西省森林覆盖面积的增减情况，同时又能分析可能发生的生态环境变化，为开展环保工作提供可靠的参考。当森林中发生严重自然灾害时，利用 RS 技术能够在最短时间里报警，达到保护生态环境的目的，节省监测生态环境的成本。

GIS 技术应用于生态环境监测主要是为了收集、整理地理信息中形成的数据，通过计算机系统构建地理数据信息存储平台，实时监测、实时管理地理信息。在数据平台的运行中不仅可以分析地理空间的生态环境问题，处理生态环境问题信息，还能实时动态化管理空间的生态环境动态信息。所以，GIS 技术是非常重要的生态环境监测技术，监测中心要充分掌握这一技术手段，在实践应用中体现 GIS 监测地理信息的功能，确保地理信息监测满足及时性、真实性的要求。

GPS 技术应用于生态环境监测，可以凭借技术特征与优势建立全球定位体系，实时监测生态环境，同时确保监测所得数据信息达到及时性、真实性的标准。在 GPS 技术的应用中，通过和卫星构建的全球定位系统，借助三维导航能力建立生态环境监测的全球化监控系统。GPS 技术和 RS 技术相比可以及时收集生态环境的动态信息，在监测不同区域生态环境时进行全方位监测、管理生态环境。

（四）信息化技术应用

在当今的网络信息时代，环保信息化建设是现阶段保护生态环境的基础性工作之一，在环境管理转型阶段应将信息化视作重要手段，基于环保系统推进信息标准化，借助信息化技术手段更好地服务生态环境的监测与保护。例如，山西省根据顶层设计、系统开发、网络建设以及数据管理的一体化原则，积极推进生态环境监测及环保平台建设，通过促进资源整合、深化技术应用提高生态环境信息利用率，构建生态环保云平台、生态环境数据库，针对监管污染源、监测生态环境质量、监控预警生态环境风险、应急处置生态环境事故等核心业务进行数据的集成、分析、挖掘，持续提升生态环境监测及环保的信息化水平。

除了常用的色谱、光谱和3S等技术手段外，在生态环境监测及环保工作中还要注意这些技术与先进大数据技术的融合应用，促进信息共享，推动生态环保政策的实施，发挥"互联网＋"环保技术的作用。

三、生态环境监测评价应用

在生态环境保护工作中，基础的环节为环境评价。环境评价能够将目前自然生态环境现状客观反映出来，依托相应数据、指标等对环境状况进行真实展示，帮助人们对大气、水体等环境污染种类、污染严重性等充分了解。而通过环境监测工作的开展，利用相关技术与设备可准确、直接地获取所需求的环境数据，从资料层面保障生态环境保护评价工作的顺利实施。

（一）明确生态环境治理目标

受思想观念等因素的影响，过去在人类活动、经济发展过程中严重污染、破坏自然生态环境。为保障自然生态安全，我们需科学治理与修复遭受破坏的生态环境，促使过去所造成的污染问题得到消除。而通过环境监测工作的开展，能够对环境污染类型、污染原因、污染程度等内容充分掌握，进而采取有针对性的治理和修复方法，明确治理和修复的目标，显著提升生态环境治理成效。

（二）辅助制定法律法规

为进一步提升生态环境保护工作质量，我国正在逐步加快生态环境保护的法治化进程。在制定各项管理政策、法律法规时，需严格依据相应的量化数据来开展，这样能够有效克服主观因素的影响，保证法律政策的科学性与可行性。而通过环境监测的实施，能够对自然生态环境质量的现状数据进行全面性获取，经相关人员深入整合、分析这些数据之后，即可将生态环境保护方面的管理制度、量刑标准等科学制定出来，进而有效指导各项工作的规范化开展。

（三）及时了解突发性污染情况

大部分生态环境污染问题皆为突发性情况，且具有较快的扩散速度，短时间内即可造成十分严重的后果。针对这种情况，工作人员需及时发现与应对突发的污染问题，对污染扩散趋势进行高效遏制，最大限度上降低污染问题所造成的危害。而在环境监测过程中，需要运用大量的环境监测仪器设备，使工作人员能够对环境质量实时情况进行动态掌握，如果部分监测指标出现异常情况，工作人员能够及时发现，启动相应的应急预案，高效控制突发性环境污染问题。

第二章 生态环境问题及其可持续发展

第一节 环境系统及环境科学

一、环境

所谓环境，是指主体（或研究对象）以外，围绕主体、占据一定的空间，构成主体生存条件的各种外界物质实体或社会因素的总和，是生命有机体及人类生产和生活活动的载体。所谓主体是指被研究的对象，即中心事物。环境总是相对于某项中心事物而言，它因中心事物的不同而不同，随中心事物的变化而变化。中心事物与环境是既相互对立，又相互依存、相互制约、相互作用和相互转化的关系，在它们之间存在着对立统一的相互关系。在不同的场合，环境的含义会有一些差异。例如，环境法规中所指的环境，往往把应当保护的环境对象称为环境，也可以说，直接或间接影响到人类的生存与发展的一切自然形成的物质、能量和自然现象的总体均可理解为环境。但在关注的角度和重点上，不同学科的学者对环境的概念有着不同的理解。对于环境科学来说，中心事物是人类，环境是以人类为主体，与人类密切相关的外部世界，即与人类生存、繁衍所必需的、相适应的环境。这一环境指围绕着人群的空间及其可以直接或间接影响人类生活、生产和发展的各种物质与社会因素、自然因素及其能量的总体。

（一）环境的类型

环境是一个非常复杂的体系。在分类时，一般可按环境的主体、性质和范围来进行划分。

1. 按环境的主体来划分

主要有两种划分体系，一是以人类为主体，其他生命物质和非生命物质都被视为环境要素，此类环境称为人类环境；二是以生物为主体，把生物体以外的所有自然条件都称为环境，即生物环境。

2. 按环境的性质来划分

按环境的性质来划分可分为自然环境、人工环境(也称半自然环境)、社会环境三类。在自然环境中，其主要的环境要素可再划分为大气环境、水环境、土壤环境、生物环境和地质环境等；人工环境可再分为城市环境、乡村环境、农业环境、工业环境等；社会环境又可再分为聚落环境、生产环境、交通环境、文化环境、政治环境、医疗休养环境等。

自然环境是人类出现之前就已存在的，是赖以生存、生活和生产所必需的自然条件和自然资源的总称，即阳光、温度、气候、地磁、大气、水、岩石、土壤、动植物、微生物，以及地壳的稳定性等自然因素的总和，用一句话概括就是"直接或间接影响到人类的一切自然形成的物质、能量和自然现象的总体"，有时简称为环境。自然环境可以分为宇宙环境、地理环境（含聚落环境）和地质环境三个层次。其中宇宙环境（空间环境）涉及大气层以外的全部空间，人类对它的认识还很不足，是有待于进一步开发和利用的极其广阔的领域。地理环境指的是由大气圈、水圈、岩石圈（含土壤圈）组成的生物圈，是人类目前活动的主要场所，当前环境保护指的就是保护生物圈。生物圈为人类提供大量的生活、生产资料及可再生资源。地质环境指的是地表以下坚硬的地壳层，其可以一直延伸到地核内部，它为人类提供丰富的矿产资源（包含不再生资源），对人类的影响将随着生产的发展而与日俱增，所以它在环境保护中是一个不可忽视的重要方面。

按照环境要素可以把自然环境分为大气环境、水体环境、土壤环境、生物环境、空间环境。水体环境是指江河湖海、地下水、饮用水源地等贮水体，并包括水中的悬浮物、溶解物以及水生物在内的生态系统。土壤环境是自然环境中的复杂系统，是人类得以存在和发展的基本条件。保护土壤环境，特别是与农作物和动植物生存直接有关的土壤环境，是环境保护的主要方面。生物环境，生物群落是自然生态系统的主体。空间环境包括噪声、振动、微波以及空间布局、景观等多方面的内容。

按照环境要素的性质，又可分为物理环境、化学环境、生物环境。物理环境，既包括气象、水文、地质、地貌等自然条件，也包括地震、海啸等自然灾害，以及人为因素造成的物理性污染和破坏等；化学环境是指环境要素的化学组成和化学变化，以及某些人为的化学污染等；生物环境是指生物群落的组合结构。这是一种抽象的划分方法，对环境质量和综合治理环境是有用处的。

人工环境是指由于人类的活动而形成的环境要素，是人类为了不断提高自己的物质和文化生活质量而创造的环境，包括由人工形成的物质、能量和精神产品，以及人类活动所形成的人与人之间的关系（上层建筑）等。

社会环境是在自然环境的基础上，人类经过长期有意识的社会劳动，加工和改造了的自然物质，创造的物质生产体系，积累的物质文化等所形成的环境体系，指人类的社会制度等上层建筑条件，包括社会的经济基础、城乡结构，以及同各种社会制度相适应的政治、经济、法律、艺术、哲学的观念与机构等。它是人类在长期生存发展的社会劳动中形成的。

根据社会环境所包含的要素的性质也可将其分为：物理社会环境，包括建筑物、道路、工厂等；生物社会环境，包括驯化的动植物等；心理社会环境，包括人的行为、风俗习惯、法律和语言等。

3. 按环境的范围来划分

按环境的范围来划分，可把环境分为宇宙环境、地球环境、区域环境、微环境和内环境。

（1）宇宙环境

宇宙环境指大气层以外的宇宙空间，由广阔的空间和存在其中的各种天体以及弥漫物质组成，对地球环境产生了深刻的影响。

（2）地球环境

地球环境指大气圈中的对流层、水圈、土壤—岩石圈和生物圈，又被称为全球环境或地理环境。

（3）区域环境

区域环境指占有某一特定地域空间的自然环境，它是由地球表面的不同地区，五个自然圈相互配合而形成的。不同地区由于其组合不同产生了很大差异，从而形成各不相同的区域环境特点，分布着不同的生物群落。

（4）微环境

微环境指在区域环境中，由于某一个（或几个）圈层的细微变化而产生的环境差异所形成的小环境，如生物群落的镶嵌性就是微环境作用的结果。

（5）内环境

内环境指生物体内组织或细胞间的环境，对生物体的生长发育具有直接的影响，如植物叶片的内部环境等。

（二）环境的形成和发展

人类的生存环境不是一开始就有的，它的形成经历了一个漫长的发展过程。在地球的原始地理环境刚刚形成的时候，地球上没有生物，当然更没有人类，当时它只有原子、分子的化学及物理运动。在大约35亿年前，由于太阳紫外线的辐射以及在地球内部的内能和来自太阳的外能共同作用下，地球水域中溶解的无机物转变为有机物，进而形成有机大分子，出现了生命现象。大约在30亿年前出现了原核生物，最初生物是在水里生存，直到绿色植物出现。绿色植物通过叶绿体利用太阳能对水进行光解释放出氧气。在4亿年前—2亿年前大气中氧的浓度趋近于现代的浓度水平，并在平流层形成臭氧层。绿色植物（自养型生物）的出现和发展繁茂及臭氧层的形成对地球的生物进化具有重要意义。臭氧层吸收太阳的紫外线辐射，成为地球上生物的保护层。在距今2亿多年前出现了爬行动物，随后又经历了相当长的时间，哺乳动物的出现及森林、草原的繁茂为古人类的诞生创造了条件。

在距今300万年前—200万年前出现了古人类。人类的诞生使地表环境的发展进入一个高级的、在人类的参与和干预下发展的新阶段——人类与其生存环境辩证发展的新阶段。人类是物质运动的产物，是地球的地表环境发展到一定阶段的产物，环境是人类生存与发展的物质基础，人类与其生存环境是统一的；人与动物有本质的不同，人通过自身的行为来使自然界为自己的目的而服务，来支配自然界。但是正如恩格斯在《自然辩证法》中所说的："我们不要过分陶醉于我们对自然界的胜利。对于每一次这样的胜利，自然界都报复了我们。每一次胜利，在第一步确实都取得了我们预期的结果，但是在第二步和第三步却有了完全不同的、出乎意料的影响，常常把第一个结果又取消了。"因而人类与其生存环境又有对立的一面。人类与环境这种既对立又统一的关系，表现在整个发展过程中。人类用自己的劳动来利用和改造环境，把自然环境转变为新的生存环境，而新的生存环境又反作用于人类。在这一反复曲折的过程中，人类在改造客观世界的同时，也改造着人类自己。这不仅表现在生理方面，而且也表现在智力方面。人类由于伟大的劳动，摆脱了生物规律的一般制约，进入社会发展阶段，从而给自然界打上了人类活动的烙印，并相应地在地表环境又形成一个新的智能圈或技术圈。人们今天赖以生存的环境，就是这样由简单到复杂，由低级到高级发展而来的。它既不是单纯由自然因素构成，也不是单纯由社会因素构成，而是在自然背景的基础上，经过人工加工形成的。它凝聚着自然因素和社会因素的交互作用，体现着人类利用和改造自然的性质和水平，影响着人类的生产和生活，关系着人类的生存和发展。

二、环境系统

（一）环境系统概念

环境系统是指由自然环境、社会环境、经济环境组成的一个巨大系统，是一个具备时、空、量、构、序变化特征的，复杂的动态系统和开放系统，各子系统之间、各组分之间以及系统内外存在着相互作用，发生着物质的输入、输出和能量的交换，并构成网络系统，正是这种网络结构保证了环境系统的整体功能，起到协同作用，产生聚集效应，为人类和其他生物的生存与发展提供有益的物质与能量。自然环境系统由资源环境、要素环境和生物群落子系统组成，社会环境系统由政治、文化和人口子系统组成，经济环境系统由生产、流通和服务子系统组成。环境系统这种复杂的构成，决定了它必然具有特定的结构和功能。环境系统结构指的是环境整体（系统）中各组成部分（要素）在数量上的配比、空间位置上的配置关系以及相互间的联系。通俗地说，环境系统结构表示的是环境要素是怎样结成一个整体的。而环境系统功能是在环境结构运行中发挥出来的作用和技能，是环境系统结构运动和变化的外在表现。

环境系统的整体虽由部分组成，但其整体的功能却不只是简单地由各组成部分功能之和来决定，而是由各部分之间通过一定的结构形式所呈现出的状态所决定的。环境系统和环境要素是不可分割地联系在一起的。一方面，当环境系统处于稳定状态时，它的整体性作用就决定并制约着各要素在环境系统中的地位、作用，以及各要素之间的数量比例关系；另一方面，各环境要素的联系方式和相互作用，又决定了环境系统的总体性质和功能。比如，各环境要素之间处于一种协调、和谐和适配的关系时，环境系统就处于稳定的状态。反之，环境系统就处于不稳定的状态。

环境各个系统之间具有相互作用、相互联系、互有因果的关系，通过自然再生产、社会再生产、经济再生产进行物质、能量、价值和信息流动。三大系统及其内部各子系统都具有使物质、能量、价值和信息输入、贮存、利用、输出及交换的功能、结构，并表现出一定的影响和效率，这样环境系统就处在不断的运动变化之中。

（二）环境要素

环境要素，又称环境基质，是环境系统的基本环节，环境结构的基本单元。它是指构成人类环境整体的各个独立的、性质不同的而又服从整体演化规律的基本物质组分，包括自然环境要素、人工环境要素和社会环境要素。自然环境要素通常指水、大气、生物、阳光、岩石、土壤等。人工环境要素包括综合生产力、技术进步、人工产品和能量、政治体制、社会行为等。环境要素在形态、组成和性质上各不相同，它们是各自独立的；环境要素之间通过物质转换和能量传递两种方式密切联系，来构成环境整体；环境要素有各自的演化规律，同时又共同遵从整体的演化规律。在不同的区域，环境要素的组成可能不同，各环境要素间的配比与布置也不尽相同，因此，环境结构和环境特性也会有程度上的差异。环境要素组成环境结构单元，环境结构单元又组成环境整体或环境系统。例如，由水组成水体，全部水体总称为水圈；由大气组成大气层，整个大气层总称为大气圈；由生物体组成生物群落，全部生物群落构成生物圈。

（三）环境系统结构

1. 环境系统结构

环境系统结构是环境中各个独立组成部分（环境要素）在数量上的配比、空间位置上的配置、相互间的联系内容和方式。它是阐明环境整体性与系统性的一个基本概念。环境系统结构直接制约着环境系统间物质、能量、价值和信息流动的方向、方式和数量，且始终处于运动变化之中，因此不同区域或不同时期的环境，其结构可能不同，由此呈现出不同的状态与不同的宏观特性，从而对人类社会活动的支持作用和制约作用也不同。沙漠地区的环境系统结构基本上是简单的物理学结构，而植被繁茂地区的环境结构，则主要是十分复杂的生态学结构。类似的，陆地和海洋、高原与盆地、城市与农村、水网地区与干旱地区之间的环境结构均有很大的不同。人们关于使人类社会和环境持续协调发展的着眼点，应是以合理、适当的环境系统结构为目标来选择恰当的人类行为。

环境系统结构实质上是环境要素的配置关系，其中包括自然环境和社会环境的总体环境各个独立组成部分在空间上的配置，是描述总体环境有序性和基本格局的宏观概念。环境的内部结构和相互作用直接制约着环境的物质交换和能量流动的功能。自然环境系统结构：从全球的自然环境看，可分为大气、陆地和海洋三大部分。聚集在地球周围的大气密度、温度、化学组成等都随着距地表的高度而变化。按大气温度随着距地表的高度的分布可分为对流层、平流层、中间层、热层等。对流层与人类的关系极为密切，而地球上的天气变化多发生在对流层内。海与洋共同组成了地球上的四大洋，即太平洋、大西洋、印度洋和北冰洋。社会环境系统结构：可分为城市、工矿区、村落、道路、桥梁、农田、牧场、林场、港口、旅游胜地和其他人工建筑物。

2. 环境系统结构的特点

就地球环境而言，环境系统结构的配置及其相互关系有圈层性、地带性、节律性、等级性、稳定性和变异性的特点。

（1）圈层性

在垂直方向上，整个地球环境的结构具有同心圆状的圈层性。在地球表面分布着土壤——岩石圈、水圈、生物圈、大气圈。在这种格局的支配下，地球上的环境系统与这种圈层相适应。地球表面是土壤——岩石圈、水圈、大气圈和生物圈的交汇处，是无机界和有机界交互作用最集中的区域，它为人类的生存和发展提供了最适宜的环境。

（2）地带性

在水平方向，从赤道到南极，整个地球表面具有过渡状的分带性。太阳辐射能量到达地球表面，由于球面各处的位置、曲率和方向的不同，造成能量密度在地表分布的差异，因而产生与纬线相平行的地带性结构格局。这种地带性分布的界线是模糊的、过渡性的。

（3）节律性

在时间上，地球表面任何环境结构都具有谐波状的节律性。地球上的各个环境系统，由于地球形状和运动的固有性质，在随着时间变化的过程中，都具有明显的周期节律性，这是环境结构叠加时间因素的四维空间的表现。

（4）等级性

在有机界的组成中，依照食物摄取关系，在生物群落的结构中具有阶梯状的等级性。地球表面的绿色植物利用环境中的无机成分，通过复杂的光合作用过程，形成碳水化合物，自身被高一级的消费者草食动物所取食；而草食动物又被更高一级的消费者肉食动物所取食；动植物死亡后，又被数量众多的各类微生物分解成为无机成分，形成一条严格有序的食物链结构。这种结构制约并调节生物的数量和品种，影响着生物的进化以及环境结构的形态和组成方式。

（5）稳定性和变异

环境结构具有相对的稳定性、永久的变异性以及有限的调节能力。任何一个地区的环境结构都处于不断的变化之中，在人类出现之前，只要环境中某一个要素发生变化，整个环境结构就会相应地发生变化，并在一定限度内自行调节，在新条件下达到平衡。人类出现以后，尤其是在现代生产活动日益发展、人口压力急剧增长的条件下，对于环境结构变动的影响，无论在深度、广度上，还是在速度、强度上，都是空前的。环境结构本身虽然具有自发的趋稳性，但是环境系统结构总是处于变化之中。

（四）环境系统功能

环境系统功能是环境要素及由其构成的环境状态对人类生活和生产所承担的职能和作用。对人类和其他生物来说，环境最基本的功能包括三个方面：其一，空间功能，指环境提供了人类和其他生物栖息、生长、繁衍的场所，且这种场所是适合其生存发展要求的；其二，营养功能，环境提供了人类及其他生物生长、繁衍所必需的各类营养物质及各类资源、能源（后者主要针对人类而言）等；其三，调节功能，如森林具有蓄水、防止水土流失、吸收二氧化碳、放出氧气、调节气候的功能。此外，各类环境要素包括河流、土壤、海洋、大气、森林、草原等皆具有吸收、净化污染物的功能，使受到污染的环境得到调节、恢复的功能。但这种调节功能是有限的，当污染物的数量及强度超过环境的自净能力（阈值）时，环境的调节功能将无法发挥作用。

三、环境科学

环境科学是现代社会经济和科学发展过程中形成的一门综合性很强的学科，它被定义为一门研究人类社会发展活动与环境(结构和功能)演化规律之间相互作用的关系、寻求人类社会与环境协同演化、持续发展途径与方法的科学。

环境科学的研究对象是"人类与环境"。通过研究它们之间对立统一的关系，充分认识两者之间的作用与反作用，掌握其发展规律，以便调整人类的社会行为，保护、发展和建设环境，从而确保环境为人类社会持续、协调、稳定的发展提供良好的支持和保证，促使环境朝着有利于人类的方向演化。

（一）环境科学的产生与特点

1. 环境科学的产生

自环境问题产生以来，人类就不断地为认识和解决环境问题而努力，人与自然的关系历来是哲学家和思想家关心的基本问题，在 20 世纪人类对大自然的索取超过了限度而得到报复的时候，科学家便开始认真地研究环境问题，并希望予以解决。环境问题促成了环境科学的诞生及发展，环境科学当前已形成庞大的跨学科的研究系统。它的形成和发展过程与传统的自然科学、社会科学、技术科学都有着十分密切的联系。

现代科学技术在研究环境问题时取得惊人的进步。例如，分析化学在仪器分析和微量分析方面的进展，直接应用于分析、检测和监测环境中的污染物质，现代分析手段已可以测定痕量污染物质，进而可以查清污染物的来源，在环境中的分布、迁移、转化和积累的规律，还可以研究其对生物体和人体的毒害机理，环境化学应运而生。应用现代工程技术来解决大气、水体、固体污染问题及噪声等物理污染的防治，从而设立了环境工程学这一新兴学科。

在社会科学方面，哲学家从人、社会与自然是统一整体的观点来看待环境问题，产生了生态哲学的世界观和方法论，它既是环境科学的分支学科，又是环境科学的指导思想。环境物理学、环境生物学、环境医学、环境经济学、环境法学等也都相继产生。

环境科学发展到一个更高一级的新阶段，即把社会与环境的直接演化作为研究对象，综合考虑人口、经济、资源与环境等主要因素的制约关系，从多层次乃至最高层次上探讨人与环境协调演化的具体途径。它涉及科学技术发展方向的调整、社会经济模式的改变、人类生活方式和价值观念的变化等。与之相应，环境科学的定义是研究环境结构、环境状态及其运动变化规律，研究环境与人类社会活动间的关系，并在此基础上寻求正确解决环境问题，确保人类社会与环境之间演化、持续发展的具体途径的科学。

2. 环境科学的特点

环境科学为特定的研究对象，有如下特点：

（1）综合性

环境科学是在 20 世纪 60 年代随着经济高速发展和人口急剧增加形成的第一次环境问题高潮而兴起的一门综合性很强的重要学科。它涉及的学科面广，具有自然科学、社会科学、技术科学交叉渗透的广泛基础，几乎涉及到现代科学的各个领域。同时，它的研究范围也涉及人类经济活动和社会行为的各个领域，包括管理、经济、科技、军事等部门及文化教育等人类社会的各个方面。环境科学的形成过程和特定的研究对象，以及非常广泛的学科基础和研究领域，决定了它是一门综合性很强的重要的新兴学科。

（2）人类所处地位的特殊性

在"人类—环境"系统中，人与环境的对立统一关系具有共轭性，并成正相关关系。人类对环境的作用和环境的反馈作用相互依赖、互为因果，构成一个共轭体。人类对环境的作用越强烈，环境的反馈作用也越显著。人类作用成正效应时（有利于环境质量的恢复和改善），环境的反馈作用也成正效应（有利于人类的生存和发展）；反之，人类将受到环境的报复（负效应）。

人类以"人类——环境"系统为对象进行研究时，人不仅是观察者、研究者，同时也是"演员"。环境科学理论既不同于自然科学，也不同于社会科学，因为人类社会存在于人类自身的主观决策过程中，一些环境科学专家对未来的预测如果能够实现，无疑是对其理论的确证。但是，由于人类有决策作用，可能正是由于预言的作用才提醒人们尽早做出决策，采取有力措施避免出现所预言的不利于人类的环境问题（环境的不良状态）。从这个意义上说，即使是被否证的理论有时也是很有意义的。这是环境科学的又一重要特点。

（3）学科形成的独特性

环境科学的建立主要是从旧有经典学科中以分化、重组、综合、创新的方式进行的，它的学科体系的形成不同于旧有的经典学科。在萌发阶段，是多种经典学科运用本学科的理论和方法研究相应的环境问题，经分化、重组，形成环境化学、环境物理等交叉的分支学科，经过综合形成多个交叉的分支学科组成的环境科学。尔后，以"人类——环境"系统为特定研究对象，进行自然科学、社会科学、技术科学跨学科的综合研究，创立人类生态学、理论环境学的理论体系，逐渐形成环境科学特有的学科体系。

（二）环境科学的研究内容及其学科体系

1. 研究的主要内容

环境科学研究的内容十分丰富，还处在蓬勃发展之中，所以目前还很难把它定为一个成熟的学科体系。环境科学主要是运用自然科学和社会科学等相关学科的理论、技术和方法来研究环境问题的科学。环境科学的研究内容大致可归纳成以下几个方面：

人类和环境的关系，包括人类活动对环境的影响、环境变化对人类活动的制约等。

环境质量的基础理论，包括对环境质量状况的综合评价，污染物质在环境中的迁移、转化、增大和消失的规律、环境自净能力的研究，环境的污染破坏对生态的影响、环境容量与环境承载力评估等。

环境污染的控制与防治，包括环境污染源调查、监测、控制工程、防治措施、污染物排除、分离、转化、资源化处理技术、自然资源合理利用、开发利用与保护等。

环境监测分析技术、环境质量预报技术、污染物生态监测与治理预报等。

环境污染与人体健康的关系、环境污染的危害，特别是环境污染所引起的致癌、致畸和致突变的研究及防治。

环境管理、环境区域规划、环境专业规划、生态规划和生态环境规划等。

环境可持续发展，主要包括区域可持续发展模式与评价、资源可持续利用、循环经济发展战略、生态工业园规划设计等。

2. 环境科学的学科体系

环境科学是综合性的新兴学科，目前已逐步形成多种学科相互交叉渗透的庞大的学科体系。环境科学的学科体系通常被分为基础环境学与应用环境学两大类，也称综合环境学、部门环境学和应用环境学，或称环境基础科学、环境社会学及环境技术学。按教育部的学科体系分类，环境科学与工程被称为一级学科，环境科学（基础）与环境工程（应用）又分为许多细小的分支学科。

环境是一个有机的整体，环境污染又是极其复杂、涉及面相当广泛的问题。因此，在环境科学发展过程中，上述各个分支学科虽然各有特点，但又互相渗透、互相依存，它们是环境科学这个整体不可分割的组成部分。

（三）环境科学的基本任务

环境科学研究的目的是通过积极开展环境科学的研究，促进环境可持续发展，以利于发展生产和保障人民健康，为造福子孙后代。从环境科学总体上来看，它研究人类与环境之间的对立统一关系，掌握"人类——环境"系统的发展规律，调控人类与环境间的物质流、能量流的运行、转换过程，防止人类与环境关系的失调，维护生态平衡。通过系统分析，规划设计出最佳的"人类——环境"系统，并把它调节控制到最优化的运行状态。

1. 探索全球范围内自然环境演化的规律

全球性的环境包括大气圈、水圈、土壤——岩石圈、生物圈，它们总是在相互作用、相互影响中不断演化，环境变异也在随时随地发生。在人类改造自然的过程中，为使环境向有利于人类的方向发展，就必须了解和掌握环境的变化过程，包括环境系统的基本特征、结构和组成，以及演化的机理等。

2. 揭示人类活动与生态环境之间的相互依存关系

人类是生存在生物圈内的，生物圈的状况好坏、是否会发生变化，是关系到人类能否继续生存与发展的大问题。探索和深入认识人与生物圈的相互关系是十分重要的。

一是研究生物圈的结构和功能，以及在正常状态下生物圈对人类的保护作用，提供资源和能源的作用，为人类提供生存空间和生存发展所必需的一切物质等。

二是探索人类的经济活动和社会行为（生产活动、消费活动）对生物圈的影响，已经产生的和将要产生的影响，好的或坏的影响，以及生物圈结构和特征发生的变化，特别是重大的不良变化及其原因分析。

三是研究生物圈发生不良变化后，对人类的生存和发展已造成和将要造成的不良影响，以及应采取的对策措施。

3. 协调人类的生产、消费活动同生态要求之间的关系

在上述两项探索研究的基础上，需要进一步研究协调人类活动与环境的关系，促进"人类——环境"系统协调、稳定地发展。

在生产、消费活动与环境所组成的系统中，物质、能量的迁移转化过程尽管异常复杂，但在物质、能量的输入和输出之间总量是守恒的，最终还是保持平衡。生产与消费的增长，意味着取自环境资源、能源和排向环境的"废物"相应地增加了。环境资源是丰富的，环境容量是巨大的，但在一定的时空条件下环境承载力是有限的。盲目地发展生产和消费势必导致资源的枯竭和破坏，导致环境的污染和破坏，削弱人类的生存基础，损害环境质量和生活质量。因此，必须把发展经济和保护环境，作为两个不可偏废的目标纳入综合经济活动决策中。在"人类——环境"系统中人是矛盾的主要方面，必须主动调整人类的经济活动和社会行为（生产、消费活动的规模和方式），选择正确的发展战略，以求得人类与环境的协调发展。

第二节　当代环境的主要问题

一、大气环境日益恶化

（一）温室效应和全球变暖

温室效应是指大气中某些痕量气体增加，引起地球平均气温上升的情况。这类痕量气体主要包括二氧化碳（CO_2）、甲烷（CH_4）、臭氧（O_3）等，其中以 CO_2 的温室作用最明显，关于其产生的机理，多数人认为，CO_2 等气体对来自太阳的短波辐射具有高度的透过性，而对地面反射出来的长波辐射又具有高度的吸收性，它们将地面反射的长波辐射截留在大气层内，而将太阳能"捕获"。当这些 CO_2 等温室气体量增加时，温室气体量将阻止长波（红外线）辐射的外逸，同时又大量"捕获"太阳能。这将导致地球表面能量平衡改变，使气温升高，导致全球的气候变暖，从而干扰地球生态系统的自然发展和动态平衡。

气候变化一直是人们较为关注的环境问题之一。科学家们预言，人类现在如不采取果断和必要的措施，到 2030—2050 年，大气中二氧化碳含量将比工业革命时（1850）增加 1 倍，即 512096 毫克 / 立方米，全球平均气温有可能升高 1.5℃ ~ 4.5℃。全球变暖速度是过去 100 年的 5—10 倍，与此同时，海平面可能上升 30 ~ 50 厘米。温室效应是一种大规模的环境灾难。它不仅使全球气候变暖，还会使全球降水量重新分配，冰川和冻土融化，海平面上升。美国环境保护局发表的研究报告指出：如果温室气体的排放量逐年增加，估计到 2025 年海平面将增高 12.7—38.1 厘米，至 2100 年将增高 0.16—2.13 米，那么 30%—80% 的沿海沼泽和许多地势低洼的岛屿可能被淹没。气候变暖会使亚热带向北扩展，导致北极地带的夏季明显变暖，大大延长作物的生长期。气候变暖还可能使半干旱的热带地区变得更加干旱。所以，气候变暖既危害自然生态系统，又威胁人类的食物供应和居住环境。生物是全球变暖首当其冲的受害者，森林、湿地和极地冻土的破坏，导致生存在其中的许多物种加速灭绝。海水变暖、冰川冰帽融化和海平面升高，亚洲低洼三角洲和泛滥平原上的水稻种植遭受的经济损失将无法估量；大片沿海湿地上的水产养殖将被吞没。最大威胁不是平均气温升高，而是出现极端高温情况。百年不遇的干旱，异乎寻常的热浪，行凶肆虐的飓风和龙卷风等带来的灾难是致命的，更加重了对食物供应的威胁。世界上大约有 1/3 的人口生活在沿海岸线 60 公里的范围内，如果全球变暖，海平面升高，一些城市、城镇和乡村极有可能被淹没。

如上所述，导致温室效应和全球变暖的主要原因是大气中二氧化碳含量的增加。二氧化碳含量增加主要是因为人类石化燃料消耗量剧增和乱砍滥伐森林造成的。二氧化碳是产生温室效应的主要温室气体，它起 55% 的作用；其他 39 种已知的温室气体如氧化亚氮、甲烷、氯氟烃、臭氧等起 45% 的作用。

如果要控制全球气候变暖，控制温室效应，就必须控制大气中二氧化碳的含量。为此，一是必须尽量节约或减少石化燃料的使用量，提高燃料的热效率，大力开发各种新能源，改变能源结构。二是必须控制和制止乱砍滥伐森林的行为，大力植树造林。

气候是人类赖以生存的条件。气候变暖是人类自身活动造成的灾难。为此，人们希望树立全球共同性的大气环境观念，提高国际合作，控制废气排放，减少石化燃料的使用，积极发展太阳能、风能、潮汐能、水能以及核能的利用。同时大力植树造林，增加植被，增强大自然净化的调节能力，降低空气中二氧化碳的含量，从而抑制由于全球变暖给人类带来的灾难的发生。

（二）臭氧层破坏

臭氧是大气中的微量气体之一，主要集中在距地球表面 15—50 公里高空的平流层中。在这里臭氧的含量丰富，形成了一个臭氧浓度达 224 毫克 / 立方米的小圈层，即臭氧层。它与人类生存有着极其密切的关系，臭氧层对太阳光中的紫外线有极强的吸收作用，能吸收高强度紫外线的 99%，从而挡住太阳紫外线对地球人类和生物的伤害。臭氧层像一个巨大的过滤网，为地球上的生命提供着天然的保护屏障。如果没有臭氧层的存在，所有紫外线全部到达地球的话，那么太阳光晒焦的速度比夏季烈日下的晒焦速度快 50 倍。

臭氧层耗竭，太阳光中紫外线大量辐射地面，紫外线辐射增强，对人类及其生存环境将造成极为不利的后果。有专家估计，如果臭氧层中臭氧含量减少 10%，地面不同地区的紫外线辐射将增加 19%—22%，由此皮肤癌发病率将增加 15%—25%。另据美国保护局估计，大气圈中臭氧含量每减少 1%，皮肤癌病例将增加 10 万人，患白内障和呼吸道疾病的人将增多目前。被称为"阳光州"的澳大利亚昆士兰州，因患皮肤癌而丧失生命的人数比例居世界之冠，且呈逐年上升趋势。紫外线辐射增强，对生物产生的影响和危害令人不安。有专家认为，它将打乱生态系统中复杂的食物链和食物网，导致一些主要生物物种灭绝。有专家估计，它将使地球上 2/3 的农作物减产，导致粮食危机发生。紫外线辐射增强，还将导致全球气候变暖。

臭氧层破坏的主要原因是人造化工制品氯氟烃和哈龙（包括 5 种氯氟烃类物质和

3 种卤代烃物质）污染大气的结果。氯氟烃气体一经释放，就会慢慢上升到地球大气圈的臭氧层顶部。在那里，紫外线会把氯氟烃气体中的氯原子分解出来，氯原子再把臭氧中的一个氧分子夺去，使臭氧变成氧，从而使其丧失吸收紫外线的能力。在对流层顶部飞行的民航和军用飞机排出的氧化氮气体，也是破坏臭氧层的催化剂，农业无控制地使用化肥，会产生大量氧化氮；各种燃料的燃烧也会产生大量氧化氮。这些物质都是破坏臭氧层的因素，对地球上的生物生存将产生潜在的威胁。如何保护臭氧层，其中最方便有效的方法就是尽快停止生产和使用氯氟烃和哈龙。

然而，在当今世界上，从冷冻机、冰箱、汽车到硬质薄膜、软垫家具，从计算机到灭火器，都离不开氯氟烃。因此，必须研究新的代用品和技术。这不仅是资金问题，而且涉及有关工业结构的改变。对第三世界国家来说，停止生产和使用氯氟烃仍持冷淡态度，人类对臭氧层的保护仍将是一项十分艰巨的任务。

（三）酸雨的蔓延

酸雨是指 pH 值 < 5.6 的雨雪或其他方式（如雾、霜、露）形成的大气降水，是一种大气污染现象。因大气中 CO_2 的存在，在正常降水中也会因 CO_2 溶于其中形成碳酸而呈弱酸性。空气中 CO_2 正常浓度平均值为 621 毫克 / 立方米，此时雨水中饱和 CO_2 后的 pH 值为 5.6。故定 pH < 5.6 为酸雨指标。由于人为因素，向大气排放各种酸性物质，致使雨水中 pH 值降低就形成酸雨。

人为排出的二氧化硫（SO_2）和二氧化氮（NO_2）是形成酸雨的主要物质。酸雨的危害主要是破坏生态系统（如森林生态、水生生态等），改变土壤性质与结构，腐蚀各种设备、建筑物和损害人体呼吸道、皮肤等。近代产业革命以后，蒸汽机的发明和广泛运用，使生产力飞速发展。与此同时，它的动力资源——煤被大量开采和燃烧，人类毫无顾忌地大肆向大气中源源不断地排放二氧化硫、一氧化碳（CO）、二氧化碳等污染气体，这个时期的大气污染主要属于煤烟型污染。随着石油工业的兴起，石油成为世界的主要能源，石油及其产品的广泛运用，极大地推动了世界经济的空前发展，但同时也向大气排放了大量的废弃物，即大量的碳氢化合物、二氧化硫、氢氧化物等，这种石油型空气污染和煤烟型污染相结合，加重了大气污染的程度，造成一些国家发生空气污染的事件。

近代酸雨危害更大，也正是世界大气污染严重的产物。这主要是二氧化硫严重污染的必然结果。这些主要含二氧化硫的大气污染物在大气层中流动，速度很快。酸雨性烟雾在阳光和其他物质的影响下，缓慢氧化分别生成硫酸（H_2SO_4）和硝酸（HNO_3），而后遇雨便随雨而下，把"灾难"降到人间。

我国的大气污染中，酸雨和浮尘是主要的污染物。10 多年来，由于二氧化硫和氮氧化物的排放量日渐增多，酸雨的问题越来越突出。我国已是仅次于欧洲和北美的第三酸雨区。我国酸雨的分布地区主要是在长江以南的省份。

二、自然灾害

广义的自然灾害，既包括突发性的自然灾害，也包括缓变的自然灾害。而狭义的自然灾害仅指突发性的自然灾害，如干旱、暴雨、洪涝、台风、风暴潮、海啸、海冰、冰雹、冰雪、低温冻害、雷电、森林火灾、地震、火山、滑坡、崩塌、泥石流，以及农林病、虫、草、鼠害和赤潮等。突发性自然灾害的致灾过程，一般是数小时至数日的时间。其中，地震是地球内力的长期积累，而突发致灾只有几秒至几十秒的时间；干旱则是持续性的气候灾害，长达数十日、数月乃至数年；生物灾害的发生发展也是延续数月或更长的时间。

缓变的自然灾害是一种长期积累的，数年至百年以上时间的演化过程，称为环境灾害，如水土流失、土地荒漠化与盐渍化、温室效应与全球变暖、气候的长周期演变、地面沉降、海面上升、海水入侵、淡水淘汰趋势性减少等。

毋庸置疑，随着人口的迅速增加及其在地域上的相对集中，随着经济发展所带来的财富增多和财产密度增大，以及自然环境日趋恶化等因素，自然灾害所造成的损失在不断增长，这已是一个全球性的现象。更重要的是它的冲击，可能导致人类生存条件的破坏、可持续发展能力的削弱，以及对社会安定的影响。

三、水资源污染严重

水资源包括河流、湖泊、沼泽、水库、地下水、海洋水等。天然水从本质上看，应属于未受人类排污影响的各种天然水体中的水。但是水的范围在日益减少，只有在河流的源头、荒凉地区的湖泊、深层地下水、远离陆地的大洋等处，才可能取得代表或近似代表天然水质的天然水。

水资源污染，是指污染物进入河流、海洋、湖泊或地下水等水体后，使水体的水质和水体沉积物的物理、化学性质或生物群落组成发生变化，从而降低水体的使用价值和使用功能的现象。水资源产生污染主要是由人类的生活和生产活动造成的。人类生产活动产生污水；在工业生产过程中排出的废液、污水；农业生产中的化肥、农药、牧场、养殖场、农副产品加工厂的杂物排入水体，这些都可造成水资源的污染。

世界上的水资源污染是十分严重的，各地都有过沉痛的教训。莱茵河是欧洲经济上最重要的河流，由于人口和工业的增长，这条河流出口处有 1/5 是下水道污物和工业废水。由于抛弃在河道上的污染物太多，河流中通过河水冲淡、氧气和微生物作用的自净能力已经不奏效了。

四、土壤污染

土壤是植物生长发育的基础。它最基本的特征就是具有肥力，能提供给植物生长发育所必需的水分、养分、空气和热量等生活条件。土壤如果受到污染，不仅直接影响农作物的生长和影响农产品的质量，还会通过粮食、蔬菜、水果等间接影响人体健康。因此，保护土壤不受污染具有十分重要的意义。

（一）土壤污染的概念

土壤污染是指人类活动所产生的污染物质通过各种途径进入土壤，其数量超过了土壤的容纳和同化能力，从而使土壤的性质、组成及性状等发生变化，并导致土壤的自然功能失调，土壤质量恶化。

（二）土壤污染的途径

1. 农药和化肥

现代农业大量施用农药和化肥而造成土壤污染。如有机氯杀虫剂中的滴滴涕、六六六等能在土壤中长期残留，并在生物体内富集。氮、磷等化学肥料，凡未被植物吸收利用的都在根层以下积累或转入地下水，成为潜在的环境污染物。

2. 牲畜排泄物和生物残体

禽畜养殖场的厩肥和屠宰场的废物含有寄生虫、病原菌和病毒，当利用这些废物做肥料时，如果不进行物理和生化处理便会引起一定的土壤或水体污染，并通过农作物危害人体健康。

3. 大气沉降物

大气中的 SO_2、NO_2 和颗粒物可通过沉降或降水而降落到农田上。如北欧的南部、北美的东北部等地区，雨水酸度增大，引起土壤酸化、土壤盐基饱和度降低。大气层核试验的散落物可造成土壤的放射性污染。放射性散落物中，锶-90（90Sr）、铯-137（137Cs）的半衰期较长且易被土壤吸附。

此外，造成土壤污染的还有自然污染源。例如，在含有重金属或放射性元素的矿床附近地区，由于这些矿床的风化分解作用，所以造成周围地区土壤的污染。

（三）土壤污染的危害

天然土壤具有纯粹的自然属性。人类最初开垦土地，主要是从中索取更多的生物量。已开垦的土地在逐渐变得贫瘠的过程中，人们就向农田补充一些物质——肥料，农田获得了肥力，同时也受到了污染。自产业革命以来，特别是 20 世纪 50 年代以来，由于现代工农业生产的飞速发展，大气烟尘和废水对农田的不断侵袭，农药、化肥的大量施用，这些都严重影响了土壤的生产性能和利用价值，导致造成公害，直接危害着人类的健康。

除上述几种主要的环境污染类型外，还有因工业生产和采矿过程中的固体废弃物如炉渣、矿渣等的污染，这一切都将导致生态被破坏。

五、生态破坏

所谓生态破坏，是指生态系统的平衡遭到破坏，也就是外界的压力和冲击超过了系统的忍耐力或阈值，导致系统的结构和功能严重失调，从而威胁到人类的生存和发展。造成生态破坏的原因既有自然因素，也有人为因素。自然因素包括火山喷发、地震、海啸、泥石流和雷击火灾等。这些因素都可能在很短时间内使生态系统遭到破坏，甚至毁灭。然而，自然因素对生态系统的破坏和影响出现的频率不高，在地域分布上也有一定的局限性。因此，生态破坏的原因主要是人为因素造成的。人为因素包括毁坏植被、引进或消灭某一生物种群、建造某些大型工程，以及现代工农业生产过程中排出某些有毒物质和向农田喷洒大量农药等。这些人为因素都能破坏生态系统的结构和功能，引起生态失调，使人类生态环境的质量下降，甚至造成生态危机。

人类作为生物圈中的最新成员，在其全部历史时期内，同自然的威严相比，他只是一个弱者。只是从 1 万年以前，人类进入农业社会以来，才具有可以同在自然相平衡的力量。人类进入工业社会后，尤其是随着科学技术的迅速发展，使人类从原来大自然的"奴隶"变成自然的"主人"，处处以胜利者与占领者的姿态出现，破坏了人类与自然界间的和谐与平衡。然而，自然界却以它的各种方式报复人类，以反抗这种征服。

第三节 环境与可持续发展

一、环境容载力理论

（一）环境容载力概念与特点

环境容载力的概念是对环境容量与环境承载力两个概念的结合与统一。环境容量与环境承载力是环境系统的两个方面，它们紧密联系，共同体现和反映出环境系统的结构、功能与特征，但二者各有侧重。通过对环境容载力的评估，可以确定环境容量和环境承载力，建立环境质量的生态调控指标，从而确定区域社会经济与生态环境相适应的发展规模，是生态环境研究的重要理论。

1. **环境容载力的概念**

（1）环境容量

环境容量从狭义上理解，其概念可以表述如下：一定时间、空间范围内的环境系统在一定的环境目标下对外加的污染物的最大允许承受量或负荷量。它往往是以环境质量标准为基础的污染物容纳阈值，即指基本环境基准，结合社会经济、技术能力制定的控制环境中各类污染物质浓度水平的限值。而广义的环境容量可以理解为某区域（城市）环境对该区域发展规模及各类活动要素的最大容纳阈值。这些区域环境容量包括自然环境容量（大气环境容量、水环境容量、土地环境容量）、人工环境容量（用地环境容量、工业容量、建筑容量、人口容量、交通容量等）等容量的总和即为整体环境容量。环境容量是环境质量中"量"的方面，是质量的量化表现或定量化表述。一般情况下，环境容量通常可以由绝对值或单位标准值来直接表示。

从生态系统的角度看，环境可分为大气环境、水环境、土地环境、社会经济环境，其环境容量可分为标准时空容量、污染物极限容量、人口极限容量、生态容量（包括环境占用和资源消耗）四个方面。这四个环境容量相互影响、相互制约。对城市发展来说，环境标准时空容量是目标容量，污染物极限容量和人口极限容量均是控制容量，生态容量是开发利用容量。在生态城市建设过程中，一旦人口或污染物总量超过环境极限容量时，环境承载力就会受影响，这就需要由生态容量来调控，这样才能协调城市发展与环境容量的定量关系，彻底解决城市环境污染、人口增长、资源利用、生态建设之间的矛盾。

（2）环境承载力

环境承载力是指在一定时期、一定的状态或条件下、一定的区域范围内，在维持区域环境系统结构不发生质的变化、环境功能不遭受破坏的前提下，区域环境系统所能承受的人类各种社会经济活动的能力，或者说是区域环境对人类社会发展的支持能力。它包括两个组成部分，即基本环境承载力（或称差值承载力）和环境动态承载力（或称同化承载力），前者可通过拟定的环境质量标准减去环境本底值求得，后者指该环境单元的自净能力。环境承载力是环境质量的"质"的方面，是质量的质化表现或定性概括。

环境承载力也是各个环境要素在一定时期、一定的状态下对社会经济发展的适宜程度，具体包括气候要素（如气候生产指数、气候干旱指数等）、资源要素（如资源丰富度、资源开发强度等）、地形要素（如地形起伏度）等。

环境承载力可分为环境基本承载力、污染承载力、抗逆承载力、动态承载力四个方面，分别反映的是大气、水、土地环境、社会经济环境的动态和静态变化的水平。要得到环境承载力的结论，一般需要建立数值模拟模型和预测模型，分析大气、水、土地、社会经济环境的动态和静态变化趋势，确定环境承载力指数。

（3）环境容载力

环境容量强调的是区域环境系统对其自然灾害的削减能力和人文活动排污的容纳能力，侧重体现和反映环境系统的自然属性，即内在的自然秉性和特质；环境承载力则强调在区域环境系统正常结构和功能的前提下，环境系统所能承受的人类社会经济活动的能力，侧重体现和反映环境系统的社会属性，即外在的社会秉性和特质，环境系统的结构和功能是其承载力的根源。在区域的发展过程中，环境容量和环境承载力反映的是环境质量的两个方面，前者是环境质量表现的基础，反映的是环境质量的"量化"特征；后者是环境质量的优劣程度，反映的是环境质量的"质化"特征。一般来说，环境容量是以一定的环境质量标准为依据，反映的是环境质量的"量变"特征；而环境承载力是以环境容量和质量标准为基础，反映的是环境质量的"质变"特征。

环境容载力概念的提出主要是源于对环境容量与环境承载力两个概念的有机结合与高度统一，也是环境质量"量化"与"质化"的综合表述。从一定意义上讲，没有环境的容量和质量，就没有环境的承载力的体现，环境的容载力就是环境容量和质量的承载力。因此，环境的容载力定义为：自然环境系统在一定的环境容量和环境质量的支持下，对人类活动所提供的最大的容纳程度和最大的支撑阈值。简言之，环境容载力是指自然环境在一定条件下所支撑的社会经济的最大发展能力。它可看作环境系统结构与社会经济活动相适宜程度的一种表示，环境容载力可以用环境容量分值和环境承载力指数来进行综合评价。在区域生态环境建设规划中，依据环境容载力评价结果，预测环境容量变动和承载力变动趋势，其结果可作为生态环境功能分区的主要依据。

2. 环境容载力的特点

环境系统是地球上较为复杂的生态系统之一，因而环境容载力涉及的学科及范围极为广泛，它在本质上反映了环境系统的复杂性，资源的价值性、密集性等，具有下述特征：

（1）有限性

在一定的时期及地域范围内，一定的自然条件和社会经济发展规模条件下，一定的环境系统结构和功能的条件下，区域环境系统对其人口、社会、经济及各项建设活动所提供的，最大的容纳程度和最大的支撑阈值或以最大的环境容量和环境质量支持城市社会经济发展的能力是有限的，即容载力是有限的。尤其是区域的社会经济发展规模、能力和环境系统的功能是决定区域环境容载力的主要因素。

（2）客观性

区域环境容载力本身是一个客观的量，是环境系统客观自然属性的反映，也是环境系统的客观自然属性在"质"的方面的衡量。在一定的区域环境容载力的评价指标体系下，其指标值的大小是固定的，不以人们的意志而转移，即从"质"的角度来讲，其"质"的量化的大小是固定的。

（3）稳定性

在一定的时期及地域范围内，一定的自然条件和社会经济发展规模条件下，一定的环境系统功能的条件下，区域环境的容载力具有相对的稳定性。如果把处于一定条件下的环境容载力看成一些数值，这些数值将是会在一个有限的范围内上下波动，而不会产生大的变化。

（4）变动性

由于区域自然条件和社会经济发展规模、环境系统本身的结构和功能随城市发展总是处于不停的变动之中，这些变化一方面与环境系统自身的运动变化有关，另一方面与区域的发展对环境所施加的影响有关。这些变化反映到区域环境容载力上，就是环境容载力在"质"与"量"这两种规定性上的变动。在"质"的规定性上的变动，表现为环境容载力评价指标体系的变动；在"量"的规定性上的变动，表现为环境容载力评价指标值大小上的变动。

（5）可调控性

区域环境容载力具有可调控性，这种可调控性表现为人类在掌握环境系统运动变化规律的基础上，根据自身的需求对环境系统进行有目的的改造，从而提高环境容载力。如城市通过保持适度的人口容量和适度的社会经济增长速度，从而提高环境的容载力。

（二）环境容载力的结构和功能

1. 环境容载力的结构

具有复杂结构的区域环境系统所反映出的环境容载力，是联系区域社会经济活动与生态环境的纽带和中介，反映区域社会经济活动和环境结构与功能的协调程度。从结构上可分为总量和分量两部分，其中分量指大气、水、土壤、生物等环境（要素）的容量和水、土地、矿产资源（要素）的承载力，总量指环境的整体容量和自然资源的整体承载力。按照系统论的观点，系统整体的功能不小于各子系统功能之和，因此，环境整体容载力大于各个要素容载力的综合能力。

环境容载力的结构决定了环境容载力的功能，如果环境容载力结构合理，则容载力总量与分量相对较大，相应容载力的功能就强；而容载力的功能体现了容载力的结构。

2. 环境容载力的功能

环境容载力的功能，从外延上讲，主要包括对环境系统的保护和恢复；从内涵上讲，主要包括服务、制约、维护、净化、调节等多种功能。

（1）服务功能

服务功能是指环境系统以其有限的环境容载力直接或间接为区域生态系统的生存和活动服务的职能。在区域发展过程中，环境容载力的服务功能是多元化和全方位的，其服务对象是区域整体的一切活动，服务范围达至区域所有作用腹地并外延到区域周围地区。环境容载力通过其服务功能体现出环境系统资源价值性、维护性和效益性等特征。

（2）制约功能

制约功能是指环境系统以其有限的环境容载力限制区域生态系统发展规模的职能。环境容量的限制要求在区域发展过程中必须实行可持续发展，要进行环境保护和维护生态平衡；环境承载力的限制要求区域发展必须有序、有节制地进行，要不断提高环境资源的利用效率，注重利用技术的改良与创新。环境容载力制约着区域的社会进步、经济发展和生态环境恢复方面。

（3）净化功能

净化功能是指区域环境系统以其有限的环境容载力，通过各种自然环境作用及社会经济活动作用达到净化和美化区域的职能。区域要实现可持续发展，首先，必须要实现生态环境的良性发展，造就一个优美适宜的生存环境；其次，由此改善社会和经济环境，造就一个良好、永续发展的环境，从而进一步提高区域的集聚能力并推动其进化发展。

（4）调节功能

调节功能是指区域环境系统以其有限的环境容载力在其环境受到外界干扰时做出指示和反应来进行自我调节的职能。当环境容载力超过其阈值时，环境系统就会立即做出反馈指示或报复反应，从而迫使自然和人文系统进行自律调节。自然系统会通过自然选择和优胜劣汰调节其生物总量，而人文系统则会发挥主观能动性，通过计划和规划、布局调整和技术提高等进行调节。

（5）输送功能

输送功能是指环境系统以其有限的环境容载力，通过各种基础设施为区域生态系统提供必要的物质和能量保障的职能。若区域环境系统的容载力容量大、承载力强、结构好、性能优，便可积聚众多的生物流、物质流、能量流和信息流等，从而保证区域整体的正常运转。

（6）维护功能

维护功能是指环境系统以其有限的环境容载力，以上述特定的功能区设施条件维护区域自然环境系统、社会经济系统正常运行的职能。若区域环境系统的容载力容量大、承载力强、结构好、性能优，则有利于维护区域的生态平衡，加强抵御各种灾害、伤害的能力，保证区域的正常发展。

（7）效益功能

效益功能是指区域环境系统以其有限的环境容载力，通过生物流、物质流、能量流和信息流等途径产生环境、社会和经济综合效益的职能。环境容载力可产生直接的或间接的环境、社会和经济的综合效益，其中更多的是产生间接的社会和经济效益。

显然，环境容载力是联系区域社会经济活动与生态环境的纽带和中介，能够反映区域社会经济活动与环境结构及功能的协调程度。区域环境容载力功能的大小与环境系统功能的强弱成对应的正相关，即环境系统功能是通过其容载力来体现和反映，而环境容载力则是其功能在"质"与"量"上的综合衡量。

二、可持续发展理论

（一）可持续发展的基本观点

1. 可持续发展的概念及其含义

自里约世界环境与发展大会提出可持续发展的思想以后，在世界范围内兴起了研究可持续发展的热潮。可持续发展的概念自提出以来，它的定义至少有 70 多种，但最广泛使用的还是世界环境与发展委员会在《我们共同的未来》中提出的定义："可持续发展是既能满足当代人的需要，而又不对后代人满足其需要的能力构成危害的发展。"这个定义鲜明地表达了三重含义：

一是公平性，即满足当代人和后代人的基本需要，强调的是人的理性逻辑思维。

二是可持续性，即实现长期、稳定的经济持续增长，使之建立在保护地球环境的基础之上，它侧重于发展的时间维（纵向性）。

三是和谐性，即实现社会、经济与环境的协调发展，侧重于发展的空间维（横向性）。这样一来，可以将可持续发展理解为，它是以公平性为准则的可持续性和和谐性发展或理性逻辑维、时间维和空间维的统一。

另外，从《21世纪议程》看，可持续发展对一个城市或者区域来说，从理论上包括三个相互联系的重要方面。

一是社会可持续发展：通过教育、居民消费和社会服务，提高人口的整体素质和健康水平，实现人口的再生产。通过可持续发展政策，消除贫困，改善居住环境，提高人口的生活质量，为经济环境的可持续发展奠定良好的社会基础。

二是经济可持续发展。内容包括农业、工业及第三产业的可持续发展，调整产业结构，优化经济发展机制，以相对少的资金投入，实现较高的产出，最终达到经济长期的持续增长目的。

三是环境资源的可持续利用。建立环境资源法规体系，控制生态危机和环境恶化局势，提高自然环境资源的综合利用率。

由此可见，首先发展是可持续发展的基本前提，而可持续发展则是发展的最高境界。对一个区域或者城市来说，可持续发展也是一个涉及经济、社会、科技及环境的综合性概念，更是一个动态概念，它包括经济的持续增长、社会的进步和环境的保护三个方面。从可持续发展的内涵而言，它包括：一是以自然资源的合理利用和良好的生态环境为基础；二是以经济发展及其集聚效益为前提；三是以人口、经济与环境协调发展为核心；四是以满足人口、社会多种发展需求为目标。一个区域或城市只要在发展过程中每一个时段内都能保持人口、经济同环境的协调，那么，这个区域或城市的发展就符合可持续发展的要求。

其次，发展是可持续发展的主体。发展是指经济的增长能不断满足持续人口增长的需求，即高于人口增长的经济增长速度，以保证人口的生存需求、受教育需求、自身发展需求。经济发展、人口增长与环境资源保护之间的协调，是可持续发展的先决条件。只有在协调发展的基础上，才有可能实现持续发展。而协调发展有其不同的层次和规模。在社会生产层次上，指产业部门和产品结构的合理、共同发展；在社会动态发展层次上，指社会在任意时段，只要保持资源、经济、环境、人口的协调，那么这个社会的发展就符合可持续发展原则；在社会关系层次上，强调人与自然的和谐统一，人类应遵循自然规律，按适度原则干预自然，合理利用自然界给予人类的一切，最终实现人与自然的共同发展，为整个社会的可持续发展创造条件。

2. 可持续发展的类型

关于可持续发展的类型问题，有一种观点将其分为一般可持续发展（全球或区域）和部门可持续发展两种。从可持续发展的内涵来看，可将其分为自然区域可持续发展、行政区域可持续发展、环境资源可持续发展和部门可持续发展四大类，其中部门可持续发展又分为社会可持续发展、经济可持续发展。

3. 可持续发展的基本观点

可持续发展论的基本观点可概括为：走可持续发展的道路，由传统发展战略转变为可持续发展战略，是人类对"人类——环境"系统的辩证关系、对环境与发展问题经过长期反思的结果，是人类做出的唯一的正确选择。可持续发展论要求在发展过程中坚持以下两个基本观点：一是要坚持以人类与自然相和谐的方式，追求健康而富有生产成果的生活，这是人类的基本权利；但却不该就是应凭借手中的技术与投资，以耗竭资源、污染环境、破坏生态的方式求得发展。二是要坚持当代人在创造和追求今世的发展与消费时，应同时承认和努力做到使自己的机会和后代人的机会相平等；而不要只想先占有地球的有限资源，污染它的生命维持系统，危害未来全人类的幸福，甚至使其未来生存受到威胁。

从可持续发展论基本观点的形成，到可持续发展的道路成为世界各国的共识，经历了从 1972 年斯德哥尔摩联合国人类环境会议，到 1992 年里约热内卢联合国环境与发展大会的 20 年时间。

1972 年，在斯德哥尔摩召开了联合国人类环境会议，重点讨论了发展与环境的关系，认为发展与环境并不只是相互抵触的，也相互依赖和相互支持。发展中国家的代表提出：发展中国家的环境问题主要靠发展民族经济去解决，不能用停止发展的办法，也不能用倒退的办法解决。这次人类环境会议虽对发展与环境的辩证关系有了比较深刻的认识，但却依旧没能找到解决问题的有效途径。

1982 年 5 月，为纪念斯德哥尔摩联合国人类环境会议 10 周年，在内罗毕召开了联合国人类环境特别会议，发表了《内罗毕宣言》。宣言明确指出，斯德哥尔摩行动计划仅部分得到执行，且其结果也不能认为是令人满意的。这主要是由于对环境保护的长远利益缺乏足够的预见和理解，在方法和努力方面没有进行充分的协调，以及由于资源的缺乏和分配的不平均。因此，行动计划还未对整个国际社会产生足够的影响。人类一些无控制的或无计划的活动使环境日趋恶化，甚至危及人类的生存。

从斯德哥尔摩到内罗毕经历了 10 年时间，回顾这 10 年来全球的环境状况，从总体上分析是局部有所改善、整体仍在恶化，发展与环境的矛盾更加尖锐，第二次环境问题的高潮已经到来，前途堪忧。这不能不引起人们深入的反思，怎样才能从根本上解决环境与发展问题。

1992年6月，联合国在巴西里约热内卢召开了世界环境与发展大会，该会通过了《里约宣言》《21世纪议程》等纲领性文件，体现了当代人类社会可持续发展的新思想，确立了社会、经济与环境发展相协调的新观点，使可持续发展成为全球的共同行动目标。这是人类发展史上的重大转折，是人类诀别传统发展模式、开拓现代文明的一个重要里程碑。

从可持续发展的基本观点及形成过程可以看出：人与自然相和谐，公平、高效，生态可持续性是可持续发展的基本特征。走可持续发展道路，由传统的发展战略转变为可持续发展战略，是人类对环境与发展问题进行长期反思的结果，也是人类做出的唯一的正确选择。

4. 可持续发展模式与基本原则

可持续发展模式是对传统发展模式的彻底否定。传统发展模式基本上是一种"工业化实现模式"，它以工业增长作为衡量发展的唯一标志，把一个国家的工业化和由此产生的工业文明当作一个国家实现现代化的标志。但这种单纯片面追求增长的发展模式带来了严重后果：环境急剧恶化，资源日趋短缺，人民的实际福利水平下降。问题的症结在，这样的经济增长没有建立在环境的可承载能力基础之上，没有确保支持经济长期增长的资源和环境基础受到保护和发展，相反，有的甚至以牺牲环境为代价以谋求经济发展，其结果导致生态系统失衡乃至崩溃，经济发展因失去健全的生态基础而难以持续。

与传统发展模式相比，可持续发展模式具有极为深刻的哲理和丰富的内涵。其基本原则主要表现在突出强调发展的主题，坚持公平性、持续性原则，追求目标多元化下新的价值观和整体性，摒弃传统的生产消费方式和自然观念等方面。

（二）环境与发展综合决策

1. 建立环境与发展综合决策机制，保证可持续发展战略的实施

实施可持续发展战略是人类历史上一次根本性的转变，需要对"人与自然""环境与发展"的辩证关系有着正确的认识，并对这些组合起来的大系统进行全过程调控，使人与自然相和谐、环境与发展相协调，这就必须要从综合决策做起。

实行环境与发展综合决策，是市场经济条件下完善决策机制、提高决策科学水平的重要组成部分。人们所遇到的环境问题，相当一部分是因为当初在做经济技术决策

时没有考虑环境原则（生态要求）而造成的。究其原因是由于决策层对环境与发展的辩证关系缺乏认识，环境保护没有进入经济技术决策的综合平衡。一代人的决策失误需要几代人来补偿，这个代价实在太大了。所以，要提高对建立环境与发展综合决策制度必要性与紧迫性的认识，应该尽快建立综合决策制度，确保可持续发展战略的实施。

2. 加快建立和完善环境与发展综合决策的各项制度

实行环境与发展综合决策，事关经济和社会可持续发展的全局，必须按照法律、法规的要求，从制度上进行规范，采取相应的保障措施，尽快建立和完善相关的制度。

（1）建立重大决策环境影响评价制度

广义的环境影响评价，是指对人类在"人类——环境"系统中的所有经济活动和社会行为所造成的环境影响，以及对这个系统可能造成的冲击进行预测和评价。为适应环境与发展综合决策的要求，应对重大经济技术政策的制定、区域国土整治和资源开发战略、流域开发、城镇建设及工农业发展战略等重大决策事项，进行环境影响评价。

（2）建立环境与发展科学咨询制度

我们应成立由多学科专家组成的环境与发展科学咨询委员会，负责研究重大决策项目的环境影响评价和采取相应措施消除不良影响的可能性。特别是要研究重大决策和区域发展战略的环境与发展协调度，进行协调因子分析，并提出战略对策，为领导决策提供科学依据。

（3）建立有利于可持续发展的资金保障制度

我们要将环境与发展重大项目纳入国民经济和社会发展计划，并在基本建设、技术改造、城市建设、水利开发等方面优先保证环境建设资金需求。尽快建立环境资源有偿使用机制，试行把环境因素纳入国民经济核算体系，使有关统计指标和市场价格能较准确地反映经济活动所造成的资源和环境变化；制定相应的政策，引导污染者、开发者成为防治污染和保护生态环境的投资主体；广泛运用多种形式拓宽环保投资渠道，尽可能多地为环境保护提供资金支持。

（4）建立环境与发展综合决策公众参与制度

对直接涉及群众切身利益的环境与发展综合决策，要通过召开公众听证会等形式，广泛听取各方面的意见，自觉接受社会公众的监督。要建立起相应的程序与机制，使广大群众能够及时了解环境与发展综合决策的内容，充分去表达自己的意见和建议，并通过立法手段得以参与，从而得到法律保障。

（5）建立重大决策监督与追究责任制度

对环境与发展中的重大决策事项，要主动接受人大、政协和舆论的监督。依法建立重大决策责任追究制度，对因决策失误造成重大环境问题或发生重大环境污染事故的，要追究有关领导的责任；构成犯罪的，要追究其刑事责任。

（6）建立环境与发展综合决策教育培训制度

要将提高决策层的环境与发展综合决策能力列入教育培训计划。党校（行政学院）要开设环境与发展综合决策课程，组织专家讲授可持续发展理论，并将掌握相关理论知识的情况纳入领导干部工作考核的内容中。

第三章 生态环境监测技术概述

第一节 环境监测技术的发展

一、常规性监测技术

常规性监测技术又称例行监测或监视性监测，是对指定的项目进行长期、连续的监测，以确定环境质量和污染源状况，评价环境标准的实施情况和环境保护工作的进展等，是环境监测部门的日常工作。

（一）环境监测的工作内容

监测全过程主要包括布点及其优化、采样（或现场测试）及样品的运输和保管、实验室分析、数据处理、综合分析评价等环节，这也就是测取、解释和运用数据的过程。如果想要保证监测质量，就要做好这五个环节的质量控制，同时还要做好各个环节质量管理工作，形成一个综合性的环境监测的工作体系。

各级监测站的质量管理部门可以分为站领导（含总工程师）、室主任（含主任工程师）和从事具体业务人员的管理。其中每一级都有各自的质量管理内容，站领导应根据上级的要求侧重于质量决策，制定质量目标、质量计划与方案，并进行统一组织，协调安排工作，保证实现总目标；室主任则要实施站里的质量决策，进行质量方针展开，目标分解和质量计划、方案的执行，按照各自的职能进行具体的业务技术管理；基层人员则根据自己的具体任务要求实干，严格按照技术规范、质量保证、标准或统一分析方法、量值传递等规定，依照各环节质控要求和措施在各自的岗位上进行具体工作，完成各项任务。这就是说，监测站要按质按量完成环境监测任务，其工作职能是分散在各部门之中，要保证监测质量，就必须将分散在各部门的质量职能充分发挥出来，要求各部门都参加。因此，环境监测是全站的管理。

环境监测的所管的范围是监测全过程，要求的是全站的管理，当然要求全体职工参加。只有通过各级领导、管理干部、工程技术人员、技术工人、后勤人员和其他各方面人员的共同努力才能实现，才能真正把监测质量搞好。只有做好本职工作，不断提高技术素质、管理素质和政治素质，树立质量第一的思想，有强烈的责任意识和事业心，才能保证环境监测质量。

（二）环境监测工作的质量要求

环境监测数据的质量则是通过测取、解释和运用数据能比较真实客观地反映当地环境质量信息，及时、准确、科学、有针对性地为环境监督服务，达到改善和提高环境质量水平。数据质量是环境监测的灵魂。

1. 数据质量

数据质量的指标是用数据的基本特性来表示的，而工作质量的指标，则是以质控数据的合格率，仪器设备的利用率、完好率等综合表示的，若数据的合格率不断提高，仪器设备的利用率、完好率均较高，站内各项规章制度不但比较健全，且能严格执行并在实践中不断修改完善，职工的向心力、凝聚力都很高，这些就意味着工作质量的提高。

2. 工作质量

工作质量是指与监测数据质量有关的各项工作对于数据质量的保证程度。它涉及监测站的所有部门和人员，即监测站内的各级领导、各业务职能科室和每个职工的工作质量都直接或间接地影响着监测结果的质量。工作质量体现在监测全过程各个环节的质量控制和质量管理的活动之中。

工作质量是数据质量的保证，数据质量是工作质量的结果。环境监测的质量管理，不仅是抓数据的质量，而且更要抓工作质量，只有提高科学管理的水平，才能保证和提高监测数据的质量。

（三）影响环境监测质量的因素

1. 分析方法的影响

环境监测方法是需要与时俱进，不断在实践中进行完善的，并非一成不变。同时，不同的环境污染物浓度，在分析时采用的方法也随之不同。因此，在操作过程中，一旦采取了不完善的方法或者搭配不当，会直接影响监测数据的准确性。

2. 仪器设备样品

在分析过程中，有时会受到仪器设备的影响而直接使分析结果带有误差。这是因为仪器设备往往自身会有一定的精确度和灵敏度误差。

3. 现场样品的采集

监测布点监测工作的第一步，也是非常重要的一步就是监测布点。但是，实际在操作过程中，这往往会受到地理位置、天气状况以及周边环境等影响，难以实现理论上的监测布点，而只能选取其他可代替的点位来因地制宜的进行监测。一旦监测布点与要求中的相差较远，或随意并不按规范布设点位，就会使采集的样品和监测数据出现错误，无法反映真实情况。

样品的采集在日常的环境监测工作中，采样往往被认为工作简单而被忽视，其实恰恰相反，在环境监测中，如果采样方法不正确或不规范，即使操作者再细心、实验室分析再精确、实验室的质量保证和质量控制再严格，也不会得出准确的测定结果。

4. 人员素质的影响

在环境监测过程中，会涉及很多采样、监测以及分析等人员，这些人员操作技能的高低、工作态度的好坏和责任心的强弱会直接影响到监测结果的准确性。

（四）环境监测的基础工作

1. 建立健全各项规章制度

制度包括岗位责任制与管理制度，建立健全各级各类人员岗位责任制与各项管理制度并认真执行，使监测全过程处于受控状态。

2. 质量信息工作

质量信息是质量管理的耳目。一般有来自监测站外部的，也有来自监测内部的，它是质量管理不可缺少的重要基础，也是改进和提高工作质量、监测质量的依据。

3. 标准化工作

标准是以特定的程序和形式颁发的统一规定，技术标准是对技术活动中需要统一制定的技术准则的法规；管理标准是为合理的组织力量，正确指导行政、经济管理机构行使其计划、监督、指挥、组织、控制等管理职能而制定的准则，是组织和管理工作的依据和手段。标准是质量管理的基础，质量管理是执行标准的保证。

4. 技术教育与人员培训

环境监测各项管理制度的制订和贯彻执行都需要人来进行。因此，各级环保部门应分门别类开设各种类型与不同层次的技术业务培训班，不断提高质量管理、操作技术、统计分析等业务技术水平，保证监测质量。

5. 计量工作

环境监测向社会提供监测数据，有许多采样、测试等分析仪器是属于国家强制检定的计量器具，为此，环境监测必须按计量法要求进行计量认证和对标准与工作计量器具进行定期检定或校验，同时应使用法定计量单位，以保证量值的统一和准确可靠，使数据具有公正性。

（五）事后控制

事后控制是质控过程的重点，把控好最后这一关，及时地发现和改正错误，改善质量保证体系。实验室的事后控制主要是通过数据与记录的控制、内审、管理评审来实现的。

数据与记录的控制数据要真实、完整、准确、可靠，在技术上要经得起推敲。记录指的是实验室操作的成文依据和测量过程所有成文记录，其中包括计划、方法、校准、样品、环境、仪器和数据处理等。对此应准确地做好成文记录和数据报告。记录的真实性和完整性是对实验室诚实的考验。对测量负有责任的人都应在记录和报告上签字，以表明技术内容的准确性。

内审是对质量管理体系进行自我检查、自我评价、自我完善的管理手段，通过定期开展内部审核，纠正和预防不合格工作，确保质量体系持续有效地运行，并对质量体系的改进提供依据。

管理评审是指为了确保质量体系的适宜性、充分性、有效性，由最高管理层就质量方针和质量目标，对质量体系的现状和适应性进行正式的评价。通过管理评审对质量体系进行全面的、系统的检查和评价，确定体系并改进内容，推动质量体系持续改进和向更高层次发展。管理评审由机构负责人实施，每年至少评审一次，保障质量管理体系的适宜性、充分性、有效性和效率，以达到规定的质量目标。

二、应急性监测技术

随着社会的不断进步，经济的不断发展，我国的各种生产活动也日益增加，同时也出现了不少的环境污染事故。这些环境污染事故不仅发生得比较突然，而且发生的形式也是多种多样，处理起来也比较困难。不恰当的处理不仅会破坏和污染环境，而且还会影响人类的正常生活和生产，所以做好环境应急监测工作是十分重要的。应急监测包括污染事故应急监测、纠纷仲裁监测等。

（一）污染事故监测

污染源监测是一种环境监测内容，主要用环境监测手段来确定污染物的排放来源、排放浓度、污染物种类等，为控制污染源排放和环境影响评价提供依据，同时也是解决污染纠纷的主要依据。

1. 执行原则

污染源监测是指对污染物排放出口的排污监测，固体废物的产生、贮存、处置、利用排放点监测，防治污染设施运行效果监测，"三同时"项目竣工验收监测，现有污染源治理项目（含限期治理项目）竣工验收监测，排污许可证执行情况监测，污染事故应急监测等。凡从事污染源监测的单位，必须通过国家环境保护总局或省级环境保护局组织的资质认证,认证合格后方可开展污染源监测工作,资质认证办法另行制订。污染源监测必须统一执行国家环境保护总局颁布的《污染源监测技术规范》。

2. 任务分工

省级以下各级环境保护局负责组织对污染源排污状况进行监督性监测，其主要职责是：

（1）组织编制污染源年度监测计划，并监督实施。

（2）组织开展排污单位的排污申报登记，组织对污染源进行不定期监督监测。

（3）组织编制本辖区污染源排污状况报告并发布出去。

（4）组织对本地区污染源监测机构的日常质量保证考核和管理。

各级环境保护局所属环境监测站具体负责对污染源排污状况进行监督性监测，其主要职责是：

（1）具体实施对本地区污染源排污状况的监督性监测，建立污染源排污监测档案。

（2）组建污染源监测网络，组建污染源监测网的技术中心、数据中心和网络中心，并负责对监测网的日常管理和技术交流。

（3）对排污单位的申报监测结果进行审核，对有异议的数据进行抽测，对排污单位安装的连续自动监测仪器进行质量控制。

（4）开展污染事故应急监测与污染纠纷仲裁监测，参加本地区重大污染事故调查。

（5）向主管环境保护局报告污染源监督监测结果，提交排污单位经审核合格后的监测数据，提供给环境保护局作为执法管理的依据。

（6）承担主管环境保护局和上级环境保护局下达的污染源监督监测任务，为环境管理提供技术支持。

行业主管部门设置的污染源监测机构负责对本部门所属污染源实施监测，行使本部门所赋予的监督权力。其主要职责是：

（1）对本部门所辖排污单位排放污染物状况和防治污染设施运行情况进行监测，建立污染源档案。

（2）参加本部门重大污染事故调查。

（3）对本部门所属企业单位的监测站（化验室）进行技术指导、专业培训和业务考核。

第四条 排污单位的环境监测机构负责对本单位排放污染物状况和防治污染设施运行情况进行定期监测，建立污染源档案，对污染源监测结果负责，并按规定向当地环境保护局报告排污情况。

（二）仲裁监测

技术仲裁环境监测的实质是一个取证的过程，是环境监测为环境管理服务的重要体现。适用于污染纠纷双方无法协商解决，而通过双方认可的第三方进行仲裁情况下的监测取证。在实际工作中，由环境监测部门的职责所决定，在处理仲裁纠纷过程中受雇于仲裁者（即服务于仲裁者）进行污染现场的调查与取证监测工作，为仲裁者在裁决时提供充足的具有代表性、准确性经得起科学检验的证据，做出正确的判决。

1. 技术仲裁环境监测的种类。

技术仲裁环境监测按照污染损害的相关因子可分为四类：噪声技术仲裁监测、有害气体技术仲裁监测、废水技术仲裁监测、复合型技术仲裁监测（指废气、废水中多种污染物造成的污染纠纷案件）和其他污染因子造成引起的污染技术仲裁监测。

（1）噪声技术仲裁监测

这一类纠纷案件多发于城市居民区，目前由于第三产业和服务业发展迅速，例如饭店、练歌房、铝合金加工点等多数建在居民区附近或居民楼的底层，容易造成噪声污染，影响居民正常生活。居民环境意识增强，信访纠纷案件增多，需要依靠监测数据作为裁决依据。

（2）有害气体污染纠纷技术

仲裁监测有害气体造成的污染纠纷案件，主要有一次性急性污染损害纠纷和长时间慢性污染损害。一次性急性污染案件：由于这类污染事故出现较为急促，瞬间浓度较大，造成的污染损害症状较明显，所以大多数案件都在污染事故的处理过程一次结案。长时间慢性污染案件的技术仲裁较为复杂，而且这一类纠纷案件较多，大多数发生在农村。由于受害体长时间处于低浓度、低强度污染物的伤害，其损害症状要在一定时间以后才能出现。所以这一类污染纠纷的取证工作难度较大，调查与监测分析工作比较复杂。这就需要严谨科学地调查取证。

（3）废水污染纠纷技术仲裁监测

这一类纠纷案件多发于养殖业（主要是水产养殖业）、种植业及农村的地表水和地下水污染。这类污染纠纷案件往往涉及赔偿数额较大污染损害成因复杂，检验中牵涉相关学科较多，尤其是有关动植物和人体污染病理学等专门知识不是环境监测部门所长，所以在制定这一类污染纠纷技术仲裁监测方案时，首先要考虑本监测部门的业务承担能力，对承担检验分析有困难的专门项目，可在仲裁者同意的情况下委托给有资质的专业单位进行检验。

（4）复合型污染纠纷技术仲裁监测

这一类污染纠纷案件的污染损害成因更加复杂，有的是由废水中的两种以上污染物造成的，有的是由废气中多种污染物造成的，还有由废水、废气两方面污染造成的污染损害。在制定这一类污染纠纷技术仲裁监测方案时必须以排查主要污染物和次要污染物为重点，只有抓住了这一主要矛盾，才能更好地服务于污染纠纷仲裁工作。

（5）其他类型污染纠纷技术仲裁监测

其他类型污染纠纷技术仲裁监测主要指振动、电磁波、放射性等污染纠纷案件，这一类污染纠纷案件发生率也呈上升趋势。

2. 技术仲裁环境监测过程中应注意的问题

技术仲裁环境监测不同于监视性监测和研究性监测，它除了必须执行环境监测技术规范的污染源监测技术规范外，还必须严格地遵守适合司法裁决过程的严谨程序。没有一套严谨的技术仲裁环境监测程序，就无法适应日益增多的环境污染纠纷仲裁工作的需要。在具体的技术仲裁环境监测工作需要注意的主要有以下几个方面：

（1）科学的制定监测方案

在接受监测的委托后，必须对纠纷案件的现场进行详细周密的调查。其中主要调查的内容有：造成污染纠纷的污染物类型；污染物排放的工艺过程；污染物损害争议的焦点；现场的自然环境条件等。在现场调查研究的基础上，确立可疑污染物及污染损害可疑过程，并针对这些可疑问题制订出科学合理的监测方案。监测方案实施前应经过仲裁者、原告方、被告方的同意后，方可实施。

（2）确保样品的代表性

在监测采样过程中，要严格执行采集样品的技术规定，同时采样时有仲裁者（或委托的公证人）、原告方、被告方在现场进行监督，采样点位应按监测方案执行。如果临时需要变更监测点位或增减监测点位，必须得到上述三方的认可，并在监测点位示意图上签字存证。

（3）加强质量控制措施

要采取一切预防措施，保证从样品采集到测定过程中，样品待测组分不产生任何变异或者使发生的变化控制在最低程度。加强仪器设备的检定和使用前的校准工作力度，确保监测数据的准确。加强样品分析过程质量控制，以达到数据准确可靠的目的。采集平行样用于监测分析的样品，必须采集双份。一份用于分析监测，另一份封存备查。采样原始记录应由双方签字。

（4）分析方法标准化

在分析检验过程中，优先使用国家、行业、国际、区域标准发布的方法和其他被证明为可靠的分析方法。在实际工作中要排除干扰，不受任何的行政、商务和其他的影响，保持判断的独立性和诚实性。近年来，各类环境污染纠纷案件逐渐增多，由于没有统一的技术仲裁监测规范，所以已经影响了各类环境监测部门技术仲裁监测工作的顺利开展。面对逐渐增多的环境污染纠纷案件，和如此复杂的技术仲裁监测，没有统一的技术规范的指导是很难完成这项重要的监测工作。我们必须尽快地建立健全技术仲裁监测规范，促进技术仲裁监测工作的健康发展。

三、气象监测技术

受极端气象因素影响，导致农作物产量减少。在地域性与季风性气候的影响下，气象灾害频发，同时，灾害具备广泛性与持续性特点，常常会带来一定的经济损失和人员伤亡。国内农业基础设施与群众防范性较差，因此，难以在源头上很好去应对气象灾害。

（一）农业主要气象灾害

农业气象灾害主要包括干旱、沙尘暴、冰雹、干热风、暴雨和低温冻害等灾害。在一定程度上给国家经济的发展带来损失。

农业气象灾害为原生自然灾害中的一种，具有种类多、涉猎范围广、频率发生较高、群发性特点较为明显、持续时间相对较长及灾情较为严重等特点。农业气象灾害在一定程度上和国家的气候特点密切相关。受地形、纬度、海陆等位置方面影响，国内气候具有多样化等特点。我国灾害性天气时常发生，农业作为国民经济产业中的主要产业，经常会受到洪水、台风、寒潮等方面气象灾害影响。寒潮问题多发生在冬季、秋末等时期，且会对农业活动带来较大危害；台风多发生在国内东南沿海区域，破坏力较强，且多伴随暴雨与大风天气；洪水为国内危害较大的一种自然灾害，其出现会导致森林被破坏、无序发展、侵占河道等问题产生，严重的还会导致农作物淹没，最终制约农业全面健康发展。

（二）农业气象灾害指标

1. 干旱指标

干旱指标可以有效说明土壤干旱程度，即用数值的方法展现旱情程度，在分析旱情期间，能充分发挥综合对比作用，同时，还能为干旱监测提供充分保障。干旱灾害体系较为复杂，受到下垫面、地理位置等方面因素的影响，干旱指标获得十分困难，现阶段很难规定出应用性较强的指标。现阶段，干旱指标体系种类较多，常见的干旱指标包含指数、降水距平百分比、降水指数等。

2. 低温冷害指标

低温冷害即农作物生产期间，因自身产热较低难以维持作物生长发育的灾害。一般情况下，借助温度距平及积温距平代表低温冷害指标。国内南北区域跨越较大，不同区域低温冷害判定指标存在明显差异，比如，东北区域常选择6—10月温度为指标，华北地区选用5—9月当作获取指标。生产季积温距平指标方面，研究人员应结合不同区域与时间段的气候情况，实施相应的监测低温冷害技术。

3. 寒害指标

冬季经常会遇到比平均气温低的情况，这一温度经常会导致农作物出现寒害情况。一般寒害多发生在东北及华北地区，但随着近几年国内南方区域寒害问题出现，使得很多亚热带果蔬作物受害。判定寒害指标方法有很多，这里常用的判断因素主要为温湿度，通常情况下，若温度比正常温度小10℃，容易产生寒害。同时，低温环境下，空气湿度相对较大，水分常常凝结成霜，会导致农作物茎叶冻伤。

4. 洪涝指标

洪涝问题多出现在降雪量与降雨量较多区域，热带气旋、风暴潮等区域情况尤为明显，导致次生灾害频繁发生。洪涝灾情监测指标包含扩展指标与基本指标。其中，扩展指标作为评估年度风险与发生次数的主要基础，基本指标则用来评估对象选定指标。

（三）农业气象灾害监测技术

1. 农业气象灾害地面监测

农业气象灾害监测法和地面监测一样，因地面监测具有一定时效性与准确性，可以为其他技术发展提供充分保障，但地面监测点相对零散，消耗时间较多。农业气象灾害监测多需要结合地面土壤温湿度等情况，然后与灾害指标体系联合开展监测。监测干旱情况期间，工作人员以农田蒸散量为主要依据，对干旱情况进行合理监测，目前，该项技术在国内广受关注；在地理信息系统技术与模型快速发展期间，农业气象灾害监测越来越具体，以信息资源整合为基础，地理位置信息分辨也越来越准确。此外，农业气象灾害地面监测多依靠农作物模拟与物联网技术，在监测技术的支持下，其气象灾害监测逐渐朝着多样化方向发展。近年来，不断发展的物联网技术，可以促进农业气象灾害监测工作开展。比如，研究人员将物联网技术当作主要基础，努力研发了多种学科知识技术体系，有助于提升农业气象服务整体水平。

2. 农业气象灾害遥感监测

农业气象灾害监测工具以卫星遥感技术为主。现阶段，遥感监测技术多应用在洪灾、干旱等气象灾害当中。一般情况下，卫星遥感监测多应用在干旱监测中。在国内，遥感技术监测干旱多以热惯量法与作物缺水指数法为主，利用雷达对土壤水分进行合理监测，在发射与接收雷达信息期间，对信息进行全面整合，如此即可预测得到作物形状和土壤所需水分，便于对干旱发生时间进行合理预测。评估全国干旱问题时，应多评价温度植被干旱指数、热惯量植被干旱指数等数据，然后借助监测土壤湿度对上述数据进行检查。此外，很多专家借助可见光、微波遥感技术等也可监测农业干旱情况。近几年，研究人员以农业气象灾害立体监测为主，借助气象监测、遥感监测等数据，创建全方位、覆盖面较大、作物所需水分、降水量、土壤温湿度等方面监测技术。

3. 农业气象灾害预测技术

地理信息系统（Geographic Information Systems，GIS）预测技术，只能制作某一时间段内与区域内的最低温度预报。其原理为应用地理信息技术与某些指标，借助地理信息技术对预报值进行修正，例如经纬度、海拔等，便于绘制温度预报值。GIS预测技术结果十分客观，且能对农业气象灾害预测进行合理指导。有关部门在获得预测结果后可借助网络发布，便于让人们做好防护工作，有效减少实际经济损失。发布形式是借助综合性质农业气象灾害预测发布系统，使用户可以在短期内获得相应信息，同时和地理情况相结合，有效采取防控措施，便于减少实际经济损失。所以，有关部门在进行气象灾害预测期间，需要建立综合服务系统。具体而言，实际应结合不同预测情况，创建不同种类预测模型，便于在判定农业气象灾害期间，积极预测农业气象灾害，帮助用户消减农业气象灾害风险，从而全面减少实际经济损失。

当前，数理统计预报应用范围较广，主要将灾害指标当作主要凭据，借助时间序列与多元回归等方法，合理预测气象灾害情况。时间序列分析法多借助气象灾害发生周期与规律为基础，合理预测气象灾害发生情况。具体操作期间，实际应结合气象灾害均生函数创建周期自变量预测模型。比如，一些研究将气象灾害面积当作样本，创建模型群，便于合理预测灾害形式。多元回归分析可以分析和灾害发生密切相关的要素，然后将各项要素当作主要依据，便于对灾害情况进行合理预测。多元回归分析常用要素包含大气环流特征量与气象要素，借助判别与相关法律应用，可以有效创建预测模型。农业气象灾害动态监测身为近年来国内外学者研究的主要内容，可以有效提升监测准确性。

以农田水分平衡方程为基础，通过分析每日气象要素情况，就能及时预测土壤当中水分含量，便于为干旱预报提供足够科学地数据，制订合理灌溉计划。因不同作物健康生长期间，对水分的要求不同，所以可以将土壤中的水分含量当作主要依据，联合作物生长发育情况，创建干旱识别与预测模型。比如，借助作物生产模型，合理应用气象要素与历史均气候数据，来预测棉花冷害情况发生。

四、生态环境遥感监测技术

随着遥感技术从可见光向全谱段、从被动向主被动协同、从低分辨率向高精度的快速发展，在生态环境领域的应用越来越广泛，显著提升了生态环境监测能力。在美欧发达国家，大气环境方面实现了云、水汽、气溶胶、二氧化硫、二氧化氮、臭氧、二氧化碳、甲烷等的动态遥感监测；水环境方面实现了叶绿素、悬浮物、透明度、可溶性有机物、海表温度、海冰等的动态遥感监测；陆地生态方面实现了植被指数、叶面积指数、植被覆盖度、光合有效辐射、土壤水分、林火、冰川等的动态遥感监测。由此可以看出，生态环境遥感主要就是利用遥感技术定量获取大气环境、水环境、土壤环境和生态状况等数据信息，对生态环境现状及其变化特征进行分析判断，有效支撑生态环境管理和科学决策的一门交叉学科。近 40 年来，中国生态环境遥感技术发展迅速。本文通过树立典型应用案例，回顾了中国生态环境遥感监测能力、对地观测能力、支撑生态文明建设等方面的发展历程，讨论了部分未来发展所面临的关键科学问题。

（一）生态环境遥感监测能力

中国生态环境遥感监测能力显著提升，应用领域逐步扩大，空间分辨率和定量反演精度明显提高，获取数据的时效性得到大幅提高。

1. 监测领域逐步扩大

20 世纪 80 年代，历时 4 年的天津—渤海湾地区环境遥感试验对城市环境状况和污染源进行了监测，开启了生态环境遥感监测应用的序幕。1983—1985 年，城乡建设环境保护部等部门联合开展北京航空遥感综合调查，获取了烟囱高度及分布、废弃物分布等重要的生态环境信息。"七五"期间，我国开展了"三北"防护林遥感综合调查，采用遥感和地面调查相结合的方式理清了黄土高原水土流失和农林牧资源现状等。1986—1990 年中国科学院遥感应用研究所依托唐山遥感试验场开展唐山环境区划及工业布局适宜度、生活居住适宜度的评价研究。20 世纪 90 年代，生态环境遥感应用集中在水土流失、土地退化等生态问题调查以及环境综合评价等方面。1992—1995 年，中国科学院和农业部完成国家资源环境的组合分类调查和典型地区的资源环境动态研究，分析了中国基本资源环境的现状。

进入 21 世纪以来，快速发展的卫星遥感技术在生态领域迅速得到了应用。2000—2002 年，国家环境保护总局先后组织开展中国西部和中东部地区生态环境现状遥感调查。朱会义等利用 1985 年和 1995 年共 2 期 TM 影像分析了环渤海地区的土地利用情况。刘军会和高吉喜利用遥感、GIS 技术和景观生态学方法界定了北方农牧交错带及界线变迁区的地理位置，分析了 1986—2000 年界线变迁区的土地利用和景观格局时空变化特征。刘军会等基于 MODIS 遥感数据和 GIS 技术建立敏感性评价指标体系及评价模型，开展生态环境敏感性综合评价。侯鹏等利用遥感技术开展了重点生态功能区、生态保护红线等区域监测评估，分析了自然保护地及其生态安全格局关系。目前，生态环境部卫星环境应用中心利用遥感技术对自然保护区、生物多样性保护优先区域、重点生态功能区、国家公园、生态保护红线等进行监管。

在大气环境监测方面，郑新江等利用 FY–1C 气象卫星监测塔里木盆地及北京沙尘暴过程。何立明等基于 MODIS 数据开展秸秆焚烧监测。高一博等基于 OMI 数据研究中国 2005—2012 年 SO_2 时空变化特征。周春艳等利用 OMI 数据分析了中国几个省市区域 2005—2015 年的 NO_2 时空变化及影响因素。孟倩文和尹球利用 AIRS 数据分析中国 CO_2 在 2003—2012 年的时空变化。张兴赢等利用美国 Aqua–AIRS 遥感资料分析中国地区 2003—2008 年对流层中高层大气 CH_4 的时空分布特征，发现受近地层自然排放与人为活动影响，CH_4 在垂直分布上随高度增加而下降的典型变化趋势。

在水环境监测方面，我国许多学者利用 MO–DIS、CHRIS、HJ–1 卫星等数据对太湖、巢湖、滇池等内陆湖泊开展了水华、水质、富营养化等遥感应用。吴传庆开展了太湖富营养化高光谱遥感监测机理研究和试验应用。马荣华等从卫星传感器、大气校正、光学特性测量、生物光学模型及水体辐射传输、水质参数反演方法等方面总结了湖泊水色遥感研究进展。郭宇龙等同时利用 GOCI 卫星数据开展了太湖叶绿素、总磷浓度反演研究。在城镇黑臭水体、饮用水源地水质及环境风险遥感方面也开展了大量应用研究。Pan 等采用基于 STARFM 的时空融合方法，运用 Land–sat–8/OLI 和 GOCI 数据，研究了长江口高分辨率悬浮颗粒物的逐时变化情况。

在土壤环境监测方面，一些学者从元素类型、监测对象、污染场地等方面，开展了多光谱及高光谱遥感的土壤污染监测研究。熊文成等综述了土壤污染遥感监测进展，并针对土壤污染管理需求，提出了土壤污染源遥感监管、遥感技术服务风险、遥感技术服务土壤调查布点优化、开展土壤污染遥感反演与试点研究等发展方向。蔡东全等利用 HJ–1A 高光谱遥感数据研究发现铜、锰、镍、铅、砷在 480~950nm 波段内具有较好的遥感建模和反演效果。土壤光谱表现出来的重金属光谱特性非常微弱，植被受污染胁迫表现出的光谱变化特征比土壤更敏感，受重金属污染后的土壤上生长的植被的光谱特征将发生改变。宋婷婷等基于 ASTER 遥感影像研究土壤锌污染发现在 481、1000、1220nm 处是锌的敏感波段，相关性最好的波段在 515nm 处。

从应用领域上看，它不再局限于城市环境遥感，从土地利用、覆盖变化和大气、水、土壤污染定性的环境监测，逐步扩展到大气、水、土壤、生态参数的定量化监测，广泛应用于区域生态监测评估、环境影响评价、核安全和环境应急等领域。遥感技术也从以航空遥感为主转变为卫星遥感为主。

2. 监测精度明显提升

中国生态环境遥感早期的应用主要以定性为主。随着卫星遥感技术的发展，卫星的数量和载荷的空间分辨率、光谱分辨率等都大幅提高，对地物细节的分辨能力、生态环境要素及其变化的监测精度也大大增强，生态环境定量化遥感监测水平明显提高。张冲冲等利用环境卫星 CCD 数据采用非监督分类方法提取长白山地区植被覆盖信息，总体精度为 84.67%。张方利等利用 QuickBird 高分影像建立一种融合多分辨率对象的城市固废提取方法，对露天城市固废堆的识别精度高达 75%。郭舟等利用 QuickBird 影像采用面向对象分析手段，城市建设区识别率为 89.7%。张洁等基于高分一号卫星影像，采用面向对象结合分形网络演化多尺度分割方法，对青海省天峻县江仓第五露天矿区进行信息提取和分类，有效减少混合像元干扰，总分类精度为 88.45%。杨俊芳等基于国产高分一号和二号卫星数据发展了一种结合空间位置与决策树分类的互花米草信息提取方法，对互花米草信息的分类识别精度为 97.05%。

伴随着卫星对地观测数据空间分辨率的提高，从 1972 年开始的 78m，到 1982 年开始的 30m，到 1986 年开始的 10m，到 1999 年开始的亚米级高分辨率数据，陆表信息识别和分类监测精度技术得到显著提升。

土壤污染遥感监测大多局限于实验室分析、地面和机载航空遥感的应用，星载高光谱技术监测土壤污染的研究还较少。目前在生态环境管理应用方面，主要是识别疑似污染场地情况。黄长平等分析了南京城郊土壤重金属铜遥感反演的 10 个敏感波段。张雅琼等基于 GF–1 卫星影像快速获取了深圳市部九窝余泥渣土场的信息，验证表明归一化绿红差异指数提取精度在 97.5% 以上。

3. 监测时效大幅增强

卫星遥感对陆表生态环境的监测时效性取决于卫星遥感数据源的时间分辨率，也就是卫星的重访周期。重访周期越短，时间分辨率越高，监测时效性就越强。根据现有的主要卫星遥感数据源可以将其分为三种：小时级的时间分辨率卫星数据；日/周级的时间分辨率卫星数据；旬/月级的时间分辨率卫星数据。

（1）小时级的时间分辨率。

卫星数据时间分辨率以几小时左右为主，以极轨类和静止类的气象观测卫星为代表，主要是低空间分辨率的卫星遥感数据，除气象观测之外还可以用于监测大气环境和全球、区域、国家尺度的宏观生态。具有代表性的卫星遥感数据源有美国的 AVHRR 系列和 MODIS 系列、中国的 FY 系列等，通过两颗星上下午组网可以实现一天 2 次的全球覆盖,除气象观测之外还可用于植被覆盖、生物量、热岛效应、水体分布等进行监测。

尽管 AVHRR 系列卫星的时间分辨率相同，但是自 20 世纪 80 年代以来，对地观测性能得到明显提升，由实验星成为业务星、8km 分辨率提升为 1km 分辨率、4 个光谱波增加为 5 个光谱波段。1999 年 MODIS 卫星的投入使用，更是将光谱波段增加至 36 个。美国的 AURA–OMI 等可用于大气污染气体、温室气体、气溶胶等进行监测。对于高轨道地球静止卫星，时间分辨率更高，可以达到分钟级和秒级，如日本的 Himawari、韩国的 COMS、中国的 GF–4 号卫星和 FY–4A 等。

（2）日/周级的时间分辨率

卫星数据时间分辨率以几天或者一周左右为主，以陆地观测类小卫星星座和海洋类观测卫星为代表，主要是高空间分辨率的卫星遥感数据，可以用于生态、水、大气环境的精细化监测。这类卫星多数采用组网运行的方式，时间分辨率和空间分辨率同时得到显著提升。具有代表性的卫星遥感数据源有美国的 IKONOS、QuickBird 和 WorldView 系列及中国 GF 系列、ZY 系列和 HJ 系列卫星等，卫星的重访周期都是几天，可对小区域的植被覆盖、土地利用、生态系统分类、人类活动、城市固废、水质、水污染、风险源、地表/水表温度、热异常等进行监测。1999 年美国 IKONOS 卫星发射和运行，拉开了亚米级高时间分辨率、高空间分辨率对地观测的序幕，将对地观测重访周期提升至 1~3d。在我国，2013 年发射地高分 1 号卫星空间分辨率达到 2m，2014 年发射得高分 2 号卫星空间分辨率达到 0.8m，重访周期约为 4d，显著提升了中国生态环境的精细化监测能力。

（3）旬/月级的时间分辨率

卫星数据时间分辨率以半个月或 1 个月为主，以极轨类的陆地资源卫星为代表，主要是中分辨率的卫星遥感数据，可用于生态、水、大气环境的精细化监测。代表性的卫星遥感数据源有美国的 Landsat 系列和法国的 SPOT 系列，可用于监测城市或省域尺度的植被覆盖、生态系统分类、地表/水表温度、热异常、水质、气溶胶等。自 1972 年发射首颗 Landsat 卫星以来，该系列卫星的对地观测性能不断得到提升和改进，最初是 78m 分辨率、4 个光谱波段、18d 的重访周期，2013 年发射的 Landsat–8 卫星空间分辨率提升至 15m、光谱波段增加至 11 个、重访周期提升至 16d。SPOT 系列卫星的时间分辨率为 26d。自 1986 年发射首颗卫星以来，SPOT 系列卫星的空间分辨率由 10m 提升至 1.5m，2014 年发射的 SPOT–7 卫星与 SPOT–6、Pleiades1A/B 组成四星星座，具备每日两次的重访能力。

（二）生态环境遥感对地观测能力

随着中国科学技术综合实力的日益增强，生态环境遥感对地观测能力具有显著提升。生态环境遥感监测发展到了现在以国内卫星遥感数据为主的快速发展阶段。同时，我国自主的生态环境遥感对地观测能力在时空分辨率方面有了显著增强。

1. 环境卫星发展期（2008—2013 年）

2008 年 9 月发射的 HJ-1A/B 卫星使我国环境遥感监测迈入新纪元，拉开了国产自主环境卫星生态环境遥感应用的序幕，其多光谱相机空间分辨率为 30m，幅宽达 720km，是国际上类似分辨率载荷地面幅宽最宽的卫星，大幅提升了对全国甚至全球的数据获取能力。环境保护部联合中国科学院组织于 2011 年启动了全国生态环境十年变化（2000—2010 年）调查与评估专项工作，综合利用 20355 景国产环境卫星和国外卫星遥感数据，从国家、典型区域和省域三个空间尺度，对全国生态环境开展调查评估。

生态环境遥感研究应用方面，万华伟等利用 HJ-1 卫星高光谱数据对江苏宜兴的入侵物种——加拿大一枝黄花的空间分布进行监测，结果显示利用高光谱数据可实现物种定位。刘晓曼等设计了一套基于 HJ-1 卫星 CCD 数据的自然保护区生态系统健康评价方法、指标体系和技术流程，并选择向海湿地自然保护区作为应用示范评价其生态系统健康现状。张冲冲等以长白山为例，开展基于多时相 HJ-1 卫星 CCD 数据的植被覆盖信息快速提取研究活动。高明亮等利用环境卫星数据开展黄河湿地植被生物量反演研究。赵少华等采用单通道算法把 HJ-1B-IRS 卫星数据应用于宁夏地区地表温度反演。上述应用都取得较好效果。

大气环境遥感应用方面，王桥和郑丙辉基于 HJ-1B-IRS 遥感数据，通过比较其第 3 波段中红外通道和第 4 波段热红外通道在同一像元亮度温度的差异，提取潜在热异常点，并根据背景环境温度及土地分类信息，识别耕地范围内秸秆焚烧点。贺宝华等提出基于观测几何的环境卫星红外相机遥感火点监测算法，用高分辨率卫星影像和 MO-DIS 火点产品对环境卫星数据进行验证和比对，表明其在火点定位以及小面积火点识别方面具有优势。王中挺等利用 HJ-1 卫星 CCD 数据开展了 PM10 和霾的遥感监测，结果表明卫星的时空分辨率满足 PM10 周监测需要，但其辐射分辨率尚不能完全满足霾监测需求。方莉等利用 HJ-1 卫星在北京地区进行气溶胶反演研究，监测效果较好。

水环境遥感应用方面，王彦飞等从信噪比和数据真实性、倾斜条纹去除方法、大气校正方法等方面评价了 HJ-1 卫星高光谱数据对巢湖水质监测的适应性，发现其处于 530~900nm 时的数据质量较好。杨煜等利用 HJ-1 卫星高光谱数据，通过建立三波段模型开展巢湖叶绿素浓度的反演。朱利等利用 HJ-1 卫星多光谱数据，针对我国内陆水体提出叶绿素、悬浮物、透明度和富营养化的遥感监测模型，并在巢湖地区开展试验验证。潘邦龙等基于 HJ-1 卫星超光谱数据，采用多元回归克里格模型反演湖泊总氮、总磷浓度。余晓磊和巫兆聪利用 HJ-1 热红外影像反演了渤海海表温度，发现其与美国的 MODIS 海表温度产品相关性较好。

中国生态环境遥感监测虽起步较晚但发展迅速，自环境一号卫星发射以来，卫星环境遥感技术得到了长足发展，出现一批以环境一号卫星生态环境遥感应用为目标的各种新技术、模型方法，呈现出环境一号卫星和国外卫星应用并举、国产卫星应用比例逐步加大的新局面，并基本建立了环境遥感技术体系。我国环保部门利用卫星、航空等遥感数据，全面开展了环境污染、生态系统、核安全监管等方面的遥感监测业务，同时在环境应急监测方面取得突出成果，如大连溢油、松花江化学污染、舟曲泥石流、玉树地震、北方沙尘暴、官厅水库水色异常等环境事故应急监测和评估。为环境应急管理提供了高效的技术和信息支撑，目前环境遥感监测已成为常态化业务工作。

2. 高分卫星应用期（2013—2020 年）

李德仁等在 2012 年指出航空航天遥感正向高空间分辨率、高光谱分辨率、高时间分辨率、多极化、多角度的方向迅猛发展。2013 年 4 月，高分一号卫星的成功发射拉开了国产高分卫星应用的序幕，该星搭载 2m 全色 /8m 多光谱相机（幅宽 60km）和大幅宽（800km）16m 多光谱相机。生态环境部等国内许多单位利用高分系列卫星开展了大量生态环境遥感监测、应用和研究工作，为我国环境管理、研究等提供了强力支撑。

高磊和卢刚利用 GF-1 卫星数据估算了南京江北新区植被覆盖率，快速有效地反映地表植被的空间分布状况。张洁等基于面向对象分类法和 GF-1 卫星影像，开展青海省天峻县江仓第五露天矿区分类技术研究，实现高海拔脆弱生态环境下露天矿区的地物信息提取。由佳等以 GF-4 卫星数据为数据源开展了东洞庭湖湿地植被类型监测，发现 GF-4 影像可识别主要湿地植被类型。杨俊芳等基于 GF-1 和 GF-2 卫星数据监测到了黄河三角洲入侵植物互花米草。雷志斌等基于 GF-3 雷达卫星和 Landsat8 遥感数据，建立一种主动微波和光学数据协同反演浓密植被覆盖地表土壤水分模型，在山东省禹城实现了较好应用。

赵少华等介绍了 GF-1 卫星在气溶胶光学厚度、水华、水质、自然保护区人类活动等生态环境遥感监测和评价中的应用示范情况。侯爱华等利用 2015 年 6—9 月 GF-1 卫星数据反演的 Pm2.5 浓度发现与地面监测结果较为接近相关性较高，加入地理加权回归能明显提高模型精度，能够较好地反映 Pm2.5 的空间分布，但在 Pm2.5 浓度较高时模型会出现低估现象。薛兴盛等利用 GF-1 卫星反演徐州市气溶胶光学厚度并分析其空间特征。王中挺、王艳莉等基于 GF-4 卫星数据开展了气溶胶反演，利用地面观测结果验证发现二者之间具有较高的相关性，表明该方法能较好地反映气溶胶的空间分布。屈冉等利用 GF-1 卫星在山东寿光开展农膜遥感信息提取技术研究，结果表明其可较好提取农膜信息。张雅琼等利用 GF-1 卫星影像研究提出了生态空间周边淤泥渣土场快速提取方法。

彭保发等基于 GF-1 卫星影像对 2014—2016 年洞庭湖水体的叶绿素 a 浓度、悬浮物浓度和透明度开展遥感监测,结果表明 GF-1 号卫星可精确反映水质的空间变化规律。

温爽等以南京市为例开展基于 GF–2 卫星影像的城市黑臭水体遥感识别，发现黑臭河段分布具有范围广且不连续的特征。龚文峰等基于 GF–2 卫星遥感影像开展了界河水体信息提取，发现支持向量机法和改进阴影水体指数法可应用于 GF–2 地表水体提取。范剑超等利用 GF–3 号雷达卫星，以大连金州湾为例研究围填海监测方法，调查验证表明其可以有效获取围填海信息。杨超宇等利用 GF–4 卫星数据监测了广西临近海域赤潮、叶绿素浓度等。

这个时期生态环境遥感技术发展再次实现飞跃，中国发射国产高分系列卫星和相关环境应用卫星，形成以国产高分卫星为主的生态环境遥感应用良好局面，未来中国还将发射并立项一批环境后续卫星，国产卫星对国外卫星数据的替代率将进一步提高，生态环境部机构组建完成并开始发挥更强有力的作用，国家组织完成全国生态系统状况十年变化调查评估、全国生态系统状况五年变化调查评估，生态环境遥感应用进入发展的黄金时期。

（三）生态环境遥感支撑生态文明建设

生态环境遥感监测已经成为生态环境监测不可或缺的重要组成部分，在全国生态状况调查评估、污染防治攻坚战、应急与监督执法等方面均发挥着重要作用，有力的支撑着我国生态文明建设。

1. 全国生态状况定期调查评估

2000 年以来，生态环境部（原环境保护部、国家环境保护总局）联合相关部门已经完成了三次调查评估，对生态状况总体变化做出判断。2000 年以来，中国的生态状况总体在好转，特别是"十八大"以来，党中央国务院高度重视生态环境保护，采取了一系列措施，取得了积极成效，改善趋势更加明显。其中，第一次是与国家测绘局合作，分别于 2000 年和 2002 年开展的中西部、东部生态环境现状遥感调查。第二次和第三次是与中国科学院合作，分别完成了 2000—2010 年全国生态变化调查评估、2010—2015 年全国状况变化调查评估，构建形成了"天地一体化"生态状况调查技术体系，建立形成"格局—质量—功能—问题—胁迫"的国家生态评估框架，其成果在长江经济带和京津冀等区域生态环境规划、全国生态环境保护规划、全国生态功能区划及修编、生态保护红线划定等多项重要工作中发挥了基础性支撑作用，尤其是在推动形成和落实主体功能区战略方面发挥了重要作用。近期，生态环境部和中国科学院启动了 2015—2020 年全国生态状况变化调查评估工作。

随着生态文明理念的提出，国家多个部门也陆续利用多源遥感技术开展了多个方面的生态监测评估。2013 年水利部门完成的水土保持情况普查，首次利用了地面调查与遥感技术相结合的方法，查清了西北黄土高原区和东北黑土区的侵蚀沟道的数量、分布与面积。2017年农业部门启动的全国第二次草地资源清查工作，要求将已有数据资料和中、高分辨率卫星遥感数据相结合，形成1∶5万比例尺的预判地图。2017年开始，气象部门以遥感监测的植被净初级生产力和覆盖度为主开展植被生态监测，每年发布《全国生态气象公报》。2014年开始，科技部组织有关科研单位每年选择一些专题开展全球生态环境遥感监测，2019年选择了全球森林覆盖状况及变化、全球土地退化态势、全球重大自然灾害及影响、全球大宗粮油作物生产与粮食安全形势五个专题。

2. 污染防治攻坚战的遥感支撑

为了切实改善环境质量，"十九大"报告中首次提出要坚决打好污染防治攻坚战，生态环境部是牵头负责部门。围绕着国家重大需求，生态环境部卫星环境应用中心在生态、大气、水和土壤等方面开展了一系列生态环境遥感监测的业务化应用。这主要有以下几点：

（1）在自然生态方面

2012年开始的国家重点生态功能区县域考核监测，累计对60多个考核县域进行无人机飞行抽查发现大量生态破坏情况，有力支持县域生态环境质量考核及转移支付资金分配状况调查。2016年开始，每年2次对国家级自然保护区、每年1次对省级自然保护区人类活动变化开展遥感动态监测，以及对生物多样性保护优先区域开展定期遥感监测。2017年前后，进行对秦岭北麓生态破坏、祁连山生态破坏、腾格里沙漠工业排污、青海木里矿区资源开发生态影响等重大事件的遥感监测，有力支撑了国家生态保护管理。2018年全面启动了国家生态保护红线监管平台项目建设。

（2）在蓝天保卫战方面

2012年细颗粒物Pm2.5纳入空气质量监测范围和2013年国务院印发《大气污染防治行动计划》之后，开展全国重点区域秸秆焚烧遥感监测、灰霾和Pm2.5遥感监测。2017年提出污染防治攻坚战之后，开展蓝天保卫战重点区域的"散乱污"企业监管，同时对全国、京津冀及周边主要城市、长江三角洲地区、汾渭平原等区域的大气细颗粒物浓度、灰霾天数、污染气体浓度开展遥感监测。

（3）在碧水保卫战方面

这实现了每周对太湖、巢湖、滇池蓝藻水华和富营养化的遥感动态监测，开展了全国300多个饮用水源地、80多个良好湖库、36个重点城市黑臭水体、近岸海域赤潮和溢油等遥感监测。2015年国务院印发《水污染防治行动计划》之后，饮用水源地监管、黑臭水体监测和面源污染监测业务得到快速发展，先后完成2017年和2018年全国1km网格农业和城镇面源污染遥感监测与评估，2019年开展了渤海、长江入海（河）排污口无人机排查。

（4）在净土保卫战方面

在 2016 年国务院印发《土壤污染防治行动计划》之后，土壤遥感监测业务得到快速发展。根据土壤污染详查工作需要，开展了土壤污染重点行业企业筛选、重点行业企业空间位置遥感核实等工作，研发了土壤重点污染源遥感核查平台，制定土壤重点污染源清单及空间位置确定技术规定，开展全国重点行业企业土壤污染风险遥感评价等。由于蓝天保卫战是污染防治攻坚战中的重中之重，除了生态环境部门之外，气象部门围绕着大气成分也开展了大量的遥感监测研究活动，张艳等监测了大气臭氧总量分布及其变化，张晔萍等监测全球和中国区域大气 CO 变化，李晓静等监测了全球大气气溶胶光学厚度变化。京津冀地区作为重点关注区域，李令军等基于卫星遥感与地面监测分析了北京大气 NO_2 污染特征。作为科学研究，孙冉开展了中国中东部大气颗粒物光学特性卫星和地面遥感的联合监测，胡蝶开展了中国地区大气气溶胶光学厚度的卫星遥感监测分析。

3. 应急与监督执法等遥感技术支持

针对生态环境应急事件和监督执法，生态环境部卫星环境应用中心利用卫星和无人机等遥感技术，开展了大量业务化应用。在中央生态环境保护督察和监督执法方面，2017 年开始针对自然保护区有关问题和督察发现的有关问题的整改情况开展了"回头看"遥感监测，2014—2015 年对河北、河南、山东、山西等地工业集聚区大气污染源进行了 60 多次无人机核查。在环境影响评价方面，2017—2019 年开展长江经济带沿江区域工业聚集区土地利用变化分析及重点问题区域识别；2017—2018 年完成兰渝铁路、京新高速乌海西段建设项目施工期地表扰动遥感监测；2016 年开展了京津冀地区规划环评遥感分析；2014—2019 年开展成兰铁路建设施工期环境监理遥感监测。

国土资源部门自 2010 年起就开始利用遥感技术开展监管执法，重点对土地利用是否合法合规、矿产资源开采是否合法合规等进行监测、监管，服务于监督执法，初步形成了"天上看、地上查、网上核"的立体监管体系。水利部门在 2012 年编制发布了《水土保持遥感监测技术规范》，利用遥感技术开展生态建设项目水土保持遥感监管，及时发现破坏水土保持功能的违法和违规行为。

第二节 环境监测对污染源的控制

一、水质污染监测及控制

水质监测是监视和测定水体中污染物的种类、各类污染物的浓度及变化趋势，评价水质状况的过程。按一定技术要求定期或连续测定和分析水体的水质。根据地球化学、水污染源的地理和区域差异，在一定范围内设置水质监测站，形成监测网络，长期监测，积累资料，为水质管理、水质评价和水质规划等提供科学依据。因此，水质监测是合理开发利用、管理和保护水资源的一项重要基础工作，是实施水资源统一管理、依法行政的必要条件。

（一）水质监测主要技术

1. 水质监测项目及技术概述

水质监测的范围十分广泛，包括未被污染和已受污染的天然水（江、河、湖、海和地下水）及各种各样的工业排水等。其中主要监测项目可分为两大类：一类是反映水质状况的综合指标，如温度、色度、浊度、pH值、电导率、悬浮物、溶解氧、化学需氧量和生物需氧量等；另一类是一些有毒物质，如酚、氰、砷、铅、铬、镉、汞和有机农药等。为了客观地监测江河和海洋水质的状况，除上述监测项目外，有时还需要进行流速和流量的测定。

水质分析的主要手段有化学方法、物理学方法和生物学方法三种。化学方法又有化学分析方法和仪器分析法两种，前者以物质的化学特性为基础，适用于常量分析，且设备简单，准确度高，但操作比较费时；后者以物质的物理或物理化学特性为基础，使用特定仪器进行分析，适用于快速分析和微量分析，但设备较复杂。

物理学方法（如遥感技术）一般只能做定性描述，必须与化学方法相配合，方能确定水体污染的性质。生物学方法是根据生物与环境相适应的原理，通过测定水生生物和有机污染物的变化来间接判断水质。

2. 无机污染物监测技术

（1）原子吸收和原子荧光法

火焰原子吸收和氢化物发生原子吸收、石墨炉原子吸收相继发展，可用来测定水中多数痕量、超痕量金属元素。我国开发的原子荧光仪器可同时测定水中砷（As）、硒（Se）、锑（Sb）、铋（Bi）、铅（Pb）、锡（Sn）、碲（Te）、锗（Ge）八种元素的化合物。用于这些易生成氢化物元素的分析具有较高的灵敏度和准确度，且基体干扰较少。

（2）等离子体发射光谱法（ICP–AES）

等离子体发射光谱法近几年发展很快，用于清洁水基体成分、废水重金属及底质、生物样品中多元素的同时测定。其灵敏度、准确度与火焰原子吸收法大体相当，而且一次进样，可同时测定 10~30 个元素。

（3）等离子发射光谱 – 质谱法（ICP–MS）

ICP–MS 法是以 ICP（电感耦合等离子体）为离子化源的质谱分析方法，其灵敏度比等离子体发射光谱法高 2~3 个数量级，特别是当测定质量数在 100 以上的元素时，其灵敏度更高，检测限制更低。

3. 有机污染物的监测技术

（1）耗氧有机物的监测

反映水体受到耗氧有机物污染的综合指标很多，如高锰酸盐指数、CODCr、BOD5、总有机碳（TOC），总耗氧量（TOD）等。对于废水处理效果的控制及对地表水水质的评价多用这些指标。这些指标的监测技术有多种例如重铬酸钾法测 COD、五天培养法测 BOD 等目前已经成熟，但人们还在探讨能够快速，简便的分析技术。例如快速 COD 测定仪，微生物传感器快速 BOD 测定仪已在应用。

（2）有机污染物类别监测技术

有机污染物监测多是从有机污染源类别监测开始的。因为设备简单，一般实验室也容易做到。另一方面，如果类别监测发现有大的问题，可进一步做某类有机物的鉴别分析。有机污染类别监测项目有挥发性酚、硝基苯类、苯胺类、矿物油类、可吸附卤代烃等，这些项目均有标准分析方法可用。

（二）水质监测技术的自动化

由于水质信息具有时效性强的特点，特别是水质预警预报要求快速、准确、实时地采集和传递监测信息。常规的水质监测手段不能满足水资源保护的多方位、高水平管理的要求，不能满足快速、准确和实时预报水质的需要。因此，水质监测的自动化势在必行。

水质污染自动监测系统（WPMS）是在此前提下应运而生的一种在线水质自动检测体系。它是一套以在线自动分析仪器为核心，运用现在的传感器技术、自动测量技术、自动控制技术、计算机应用技术以及相关的专用分析软件和通信网络所组成的一个综合性的在线自动监测体系。

目前，环境水质自动监测系统多是监测水常规项目，例如水温、色度、浊度、溶解氧、pH 值、电导率、高锰酸盐指数、总磷、总氮等。我国正在研发一些重要的国家控制水质断面家里水质自动化监测系统，这对于推动我国的水质保护工作有着十分重要的意义。

现有水质污染自动监测系统中水质污染监测项目尚有限，尤其是单项污染物浓度监测项目还是比较少，例如重金属、有毒有机物项目的自动监测仪器较缺乏。

（三）环境监测中水质监测的质量控制和保证

1. 加强水样采集和保存的质量控制

提升水样采集和保存的质量是保证水质监测工作正常开展的首要环节。所以水质监测部门应强化水样采集和保存的质量管理，提升水样采集和保存的质量，为水质监测工作打下良好的基础。

首先，水质监测人员须深入监测区域的现场，通过实际勘察和相关的计算机数据分析去选择合适的水样采集区，以此选择具有代表性的水样，体现出监测地区典型的水质整体情况。

其次，设置恰当的水样采集点，结合该地区的水域情况和相关的信息数据，根据水源区距离的远近和抽样选择的原则，科学合理地布置水样选取点。

最后，水样采集人员要严格地按照水样采集的规定，规范地利用水样采集容器和样品瓶，并使用合理的采集方法将水样成功采集。另外，水样采集人员还应该详细地记录水样采集区域内的气象数据，为后续水质监测、开展水质的综合评估提供有价值的数据。针对水样的保存，工作人员可以从两个方面入手：水样的保存环境和水样的运输。在水样保存环境的控制中，工作人员应该严格地控制水样保存的温湿度以及周围细菌滋生而产生的影响，要将水样及时地保存并送往质检，控制水样保存环境的酸碱程度，保证水样不受环境的影响。在运输水样的过程中，工作人员要恰当地选择运输的保存方法，譬如冷冻、避光、冷藏、利用化学试剂来固定水样样品可以有效地保证水样到实验室分析的过程中不变质，阻止水样出现挥发、水解或者发生氧化还原反应。将水样送至实验室后，工作人员完成水样的登记信息。

2. 强化水质监测的实验质量控制

在水质监测的实验环节，水质监测单位应该从加强对仪器设备的管理和控制实验室环境两个方面来入手，将实验环节的质量严格地控制到位，提高水质监测实验的科学性和准确性。对于监测仪器设备，水质检测部门要恰当地使用内部的资金，购置精密度较高的仪器设备，来为实验环节水质监测工作的开展打下坚实基础。同时，水质监测单位要加强对实验人员的管理，严格地要求实验人员将水质监测实验仪器的使用步骤执行到位，全面地规范仪器设备的操作。此外，水质监测单位应该成立专门的仪器设备维护小组，进行仪器设备的日常维护和信息记录工作，这样可以大大提升仪器设备的精准度，降低实验中由于仪器设备而出现的实验误差。针对实验环境的控制，实验人员要充分利用实验室内的专业仪器设备，严格地按照实验所需的环境要求，调整实验室内的温度和湿度，控制实验过程中各种试剂的使用量和水样的容量，保证实验环境处于在一个恰当、合理的状态。另外，实验人员在实验过程中要充分考虑到整体的水质实验，科学合理地使用试剂来进行实验，保障实验的科学合理性。

3. 提高水质监测人员的素质能力

监测人员在环境水质监测工作中至关重要，拥有的专业技能的程度和素质高低直接影响着整体水质监测工作。为此，水质监测部门要加大资金的投入力度，专门组织水质监测人员进行专业化和系统性的培训，使他们能够熟练掌握水质监测技术和使用相关监测仪器，让水质监测人员自身的专业技能得到有效提升。同时，加强对水质监测人员的技能考核，严格按照规定，如非持证上岗的监测人员不得进入监测部门工作；定期对监测人员的水质监测专业知识和操作技能进行检验和考核，制定出严格的奖惩制度，此法不仅可以保证监测人员基本的专业技能可以全部掌握通透，而且可以激发监测人员的工作积极性，提高监测工作的严谨度。另外，水质监测是一个操作性较强的工作。水质监测部门可以定期地组织专门的监测操作交流会，开展内部小组的经验交流活动，监测经验丰富的人员可以给新成员分享相关经验和专业知识，互相学习，带动整体水质监测单位素质水平的提升。

除此之外，现在是信息化、数据化的时代，水质监测工作中数据的分析处理能力是监测人员需要提高的重要部分。水质监测单位应该强化水质数据分析和处理人员的能力，培养计算机软件的操作技术和数据分析的能力，提升对实验数据的敏感程度。如此一来，就可以大大地提升监测水质结果的精确度和科学性。

二、大气污染监测及控制

大气污染危害极大，会影响人们的正常生产和生活。如何加强大气污染监测和防治力度，减少空气污染，改善空气质量，实现人与自然的协调发展，已经成为当前社会发展需要解决的重要课题。大气污染监测在环境治理过程中发挥着不可替代的作用，是开展大气环境污染防治的重要基础。因此，要进一步加深对大气污染监测方法的研究，须结合实际情况，采取合理的监测方法，提升监测数据的准确性和大气污染防治效率。

（一）监测方法

1. 物理监测

物理监测主要利用仪器对大气污染物进行分析。这种监测方式较为灵敏，操作方便，也能够很快得到监测结果。这是当前应用最为广泛的监测方式之一。

2. 化学监测

化学监测主要利用化学试验的方式，结合化学试验结果，对大气中的污染物质、污染程度等进行科学分析。这种方式操作较为简单，具有较高的准确度。

3. 固体颗粒物监测

一般情况下，大气固体颗粒物监测和分析主要采用激光散射法、激光透射法、电荷法以及 β 射线法等。固体颗粒物对光源具有散射作用，因此激光散射法具有较高的准确性。但是在具体应用中，对仪器设备要求较高，成本消耗大，其适用范围较小。激光透射法以朗伯—比尔定律为基础，具有良好的适用性，但是在具体应用中设备安装复杂，人工消耗多，成本消耗大；电荷法主要利用固体颗粒物和监测探头的摩擦生电现象实施监测，缺点是适用范围较小；β 射线法主要利用滤纸对样本空气进行过滤，然后对其物体浓度进行监测和分析，其缺点是采样点较为单一，监测结果缺乏代表性。

4. 生物监测

生物监测主要通过分析生物在大气环境中的分布、生产发育情况和生理生化指标以及生态系统变化情况等判断大气污染状况。一般利用对环境较为敏感的植物（如地衣、苔藓等）的生长状态及其变化，如叶片的受害症状、强度、颜色变化等，对空气污染程度与污染物种类进行分析和判断。

5. 气态污染物监测

（1）稀释采样法

这种方式把干燥的空气稀释，使其成为干烟气，方便进行对其直接测量。人们可以利用化学法直接测量大气中的氮氧化物，利用紫外荧光法对二氧化硫等气体进行直接测量。稀释采样法可以避免水分干扰，提升测量精准度，具有较高的实用性。然而，测定过程对测量仪器质量和数量的要求较高，成本也较高。

（2）直接测量法

直接测量法把监测元件直接放在监测现场，整体监测过程操作简便，但是由于需要把仪器设备放到监测现场，因此会受到环境因素的一定影响，导致监测结果不准确。

（3）完全抽取法

首先利用气体连续监测模式，对样本气体进行抽取、预热，之后利用分析测试仪实施监测。一般需要利用紫外线、红外线、热导法等对大气中的二氧化硫、氮氧化物等实施监测。这种方式操作复杂，成本高，适用性小。

（二）监测内容

1. 氮氧化物

大气中的氮氧化物主要来源于汽车尾气和工业废气。如果大气中的氮氧化物和别的物质产生反应，能够非常容易对人体机能造成危害。因此，要强化对大气中氮氧化物的科学监测。一般情况下，氮氧化物监测主要利用仪器法和化学法。仪器法主要包括光化法和库伦电池法。化学法主要是高锰酸钾氧化法和 Saltzman 法，前者主要用于监测大气中的氮氧化物总量，后者用于监测二氧化氮的含量。

2. 固体颗粒物

大气中的固体颗粒物性质较为复杂，存在极大的危害性。固体颗粒物附着大量的有害物质，一旦吸入体内就会对人体机能造成不可估量的危害。此外，如果固体颗粒物和其他有害物质发生化学反应，生成其他有害物质，也会威胁人体健康。因此，要强化对空气中固体颗粒物的监测和分析，制定有效的防治措施。一般情况下，固体颗粒物的监测内容有颗粒组成、降尘量、可吸收颗粒浓度和细颗粒物浓度等。其常用的监测方式是重量法：把样本空气放入切割器内，对那些大于参考直径的颗粒进行分离，然后把小于参考直径的颗粒吸附到恒重滤膜上，对其浓度和质量进行测定。

3. 二氧化硫

二氧化硫危害极大，不仅影响人体健康，还会对农业生产带来极大的消极影响。因此，强化对大气中二氧化硫的监测非常重要。通常，二氧化硫的监测方式包括电导法、火焰光度法和紫外荧光法等，其中应用最为广泛的是甲醛缓冲溶液吸收—盐酸恩波副品红分光光度法。其具体的应用方法是：大气中的二氧化硫物质被甲醛缓冲溶液全面吸收，充分发生化学反应后，生成羟甲基磺酸加成化合物，再加入一定浓度的氢氧化钠，实现加成化合物的分解，最终形成紫红色化合物，这时可以利用分光光度计在 578nm 处测定。

（三）具体的监测步骤

1. 明确监测时间段

不同时间段，大气污染物的浓度和种类有所不同。此外，污染源的排放位置、地形条件等都会对其浓度产生一定的影响。因此，在具体监测过程中要对时空的影响因素进行全面分析。一般情况下，每天的早晨和傍晚一次污染物的浓度较高，而中午最低。

二次污染物的浓度正好相反，中午的浓度最高。因此，为了确保大气污染监测结果的准确性，要对污染物在不同时段的浓度和平均值进行全面监测。

表3-2 主要大气污染物监测方法

监测方法	原理或特点	应用范围或者优势
物理监测	利用仪器检测分析	操作简单、精确性高，应用广泛
化学监测	利用化学试验方式	操作简单、精确性高
固体颗粒物监测	激光散射法、激光透射法、电荷法以及β射线法等	针对固体颗粒物进行监测
生物监测	通过生物生长状态变化进行分析	应用范围广
气态污染物监测	稀释采样法、直接测量法、完全抽取法	针对气态污染物进行监测

2. 明确监测标准

为了合理分析监测结果，人们需要明确国家规定的空气质量标准数据。例如 NO_2 的二级标准年平均浓度限值为 $0.08mg/m^3$，其日平均浓度限值为 $0.12mg/m^3$，小时平均浓度限值为 $0.24mg/m^3$。此外，要明确空气污染物二氧化硫、臭氧、PM2.5 等的监测标准。

3. 合理布设监测点

在具体的采样过程中，人们需要结合不同区域污染物的浓度（高、中、低），合理布设监测点。一般情况下，下风向设置的监测点比较多，上风向只需要设置少量的监测点。人口比较密集的区域也可以设置较多的监测点。监测点的周边环境需要保持开阔，不能被高大的树木或者建筑物遮挡，以免影响监测结果。放置在不同区域的监测设备要设置相同参数，以便提升监测结果的参考价值。针对监测区域大气污染物的性质，人们要明确监测站点的具体高度。

4. 科学采样

科学采样是提升大气污染监测效果的重要保障。一般情况下主要采用直接采样、富集浓缩采样、气态与蒸汽态采样等方式。

（1）直接采样法

如果采样区域受污染程度比较深，就适合应用直接采样法进行采样。这时需要注意的是，采样时人们需要使用精准的分析方法，以便获得准确的分析结果。采样过程主要用到注射器、塑料袋、采气管和真空瓶等工具。

（2）富集浓缩采样法

富集浓缩采样法适用范围比较广泛，多数的空气采样项目都可以应用。其具体方式包括溶液吸收、静电沉降、自然聚集、低温冷凝和综合采样等方式。

（3）气态与蒸汽态采样

气态与蒸汽态采样主要用于 SO_2、NO_2 等的检测和分析。

5. 测定方法

在大气污染监测中，不同污染物需要采用不同的分析方法进行测定。其中 SO_2 测定需要采用甲醛吸收－恩波副品红分光光度法，NO_2 测定需要采用盐酸萘乙二胺分光光度法，CO 测定一般采用非分散红外法，O_3 一般采用靛蓝二磺酸钠分光光度法，大气中的 Pm2.5 等颗粒物一般使用重量法进行分析。

（四）环境污染源废气监测及其控制

1. 做好相关监测准备工作

在环境污染源废气监测过程中，为确保监测数据的真实有效性，需要做好准备工作。监测人员要做好现场勘查工作，了解现场具体情况，明确污染源特性。为确保监测的安全性，监测人员要明确污染源排放位置与排放口，做好分析工作。同时需要做好技术准备，调试与校准废气监测仪器设备，保证设备处于正常状态。除此之外，要制定完善的监测方案，建立监测工作平台，做好安全防护。

2. 保障监测仪器正常使用

监测仪器使用时需要检查仪器的连接状态、显示器以及采样泵是否正常。在对仪器进行操作时要注意以下几点：第一，加强对日期、时间和气压等重要参数的设置；第二，在设置采样点时，应注意标圆形烟道的分环数、直径以及测孔和烟道内壁的距离；第三，对工况进行测量，实现自动调零，在这个过程中皮托管接嘴处于悬空状态，这样数值便会稳定地处于归零状态。

3. 合理设置采样点

采样点的科学设置直接影响着监测结果的真实有效性。基于此，在监测污染源中的废气时，要做好采样点的设置。在设置采样点时，要按照相关技术要求，利用技术指标，测算排放点，同时需要结合监测需求，科学设置采样位置。除此之外，要结合监测的实际情况，合理调整采样点位置，以确保废气监测点的有效性。需要注意的是，在进行颗粒物与烟尘采样时，多采取多点等速采样法。若为圆形烟道，可采用等面积圆环多点等速采样法。若为矩形管道，则采用等面积小块的中心点。若为不规则管道，则可以按照实际形状，分段设置采样点。对于直径小于 0.3m、流速分布较为均匀的小烟道，可以选择烟道中心作为监测点。

4. 严格样品采集控制

环境污染源废气监测的样品采集是其重要环节，为确保监测数据的真实有效性，要严格加强样品采集的管控。当布置完采样点后，开始样品采集。在进行样品采集时，要控制抽取的截面，确保监测流量的代表性与可靠性。较为常用的采样方法包括连续采样法、间隔采样法。若污染源一次性排放时间大于1h，可采用间隔采样法。若排放时间小于1h，则可采用连续采样法。在进行颗粒物与烟尘采样时，采样嘴要正对着气流方向，将偏角控制在5°以下，采样时的跟踪率要控制在1.0±0.1范围内。需要注意的是，在采样前与结束时，要确保采样嘴背对气流，避免正吹或者倒抽情况出现，造成采集数据不真实。

5. 科学处理监测数据

监测数据处理要按照国家相关规定，遵循技术标准，进行取值计算。为确保监测数据处理的有效性，要做好单独计算排放浓度。在计算固体污染源废气监测数据时，为减少设备运行工况与人为因素等的影响，要合理折算废气浓度，真实有效地反映废气排放情况，为环境污染治理工作提供准确的参考数据和依据。

6. 完善在线监测系统

在线监测系统的完善不仅是企业自身发展的需要，同时也是时代发展所提出的要求，因此需要提高对环境污染源的废气在线监测的重视度。在具体工作中，一方面可以利用在线监测系统24h全天监测，另一方面，提高监测数据的准确度。为了更好地发挥信息技术的作用，在开展在线监测工作的过程中可以积极引入国际先进理念，譬如充分利用地理信息系统GIS建立一套集数据监测、数据查询、数据分析于一体的在线监测体系，以提高固定源废气监测的效率。

7. 合理配备个人防护用品以及加强安全教育

污染源废气监测需要根据污染物的种类、性质和现场情况等选择、配备必要的个人防护用品，如安全带、安全帽、工作服、手套、防声棉、防尘口罩、防护眼镜、烫伤药、创可贴等，高处作业时工作人员尽量要衣着灵活轻便，穿软底防滑鞋。此外，污染源废气监测还需要对监测人员进行安全教育，在安排工作时尽量避免安排一个人单独现场监测，以确保大家互相能够照应，减少危险发生；使监测人员在工作中牢固树立安全第一的思想，同事之间做到相互提醒、相互保护和相互照应，尽最大可能避免危险事故的发生。首先要求被监测单位为废气监测提供一个安全的用电条件，或者是安排电工安装监测用电。在测试过程中，监测人员必须选择安全的绝缘工具；冬季的监测现场可能是室外，伴随着雨雪、冰雹以及大风等天气，必须要注意防风和防滑；夏季时节要注意高温、高湿状态下做好防暑，工作人员要及时补充水分，凉白开水或者是淡盐开水最为适宜。

8. 不断加大对环境污染源的废气监管力度

监管部门需要加大对企业生产工况的监管力度，保证企业的生产工况达到相应的标准，保证环境污染源的废气监测可靠性。在设备正常运行的情况下，才能够在监测的时候获得准确的采样。对工况进行监管的时候监管人员需要根据设备运行参数情况来提前计算设备的负荷。另外，对于参数较少的设备，监测人员可以根据设备运行原理评估废气的排放浓度。监管人员在实践操作的时候还需要注意生产工艺，保证生产工况符合相关标准。

三、固体废弃物监测及控制

固体废物的处理难度较高，且处理成本难以控制，因此对于大部分地区来讲，基本上都不具备大型固体废物的处理能力。同时，随着生产与技术的不断优化，固体废物的范围也在不断扩大，这也进一步加大了固体废物的处理难度。另一方面，在国际环境压力的影响下，我国也不得不将固体废物的处理纳入今后的工作生产中，这也使我国的生产压力不断增加。而针对这种情况，就需要新的环境监测技术来对固体废物进行处理，从而实现绿色生产的终极目标。

（一）固体废弃物的监测难点

1. 固体废物覆盖范围较广

固体废物的监测本身需要一定的设备作为支持，而在当代社会中，固体废弃物产出范围已经远远超过监测设备的覆盖范围。所以，相关部门并不能够利用现有的资源来对固体废物进行完全监测。同时，已有的固体废物也会对监测系统造成影响，并降低监测系统的数据精度。同时，部分监测设备属于一次性消耗品，所以在固体废物整体较多的背景中，进行全方位的监测其成本基本上很难控制。

2. 固体废物的种类较多

在固体废物监测中，监测人员需要根据固体废物的种类进行监测行为调整，以方便对数据进行收集。比如在冶金固体废物的处理中，就需要监测人员对污染物爆发点进行寻找，从而保证监测数据的准确。而在其他领域的固体废物监测中，就需要更换全新的监测模式来适应该领域固体废物的产生特点。

3. 自然环境对相关数据的影响极大

一般情况下，空气暴露范围较大的固体废物监测系统会受自然环境的影响较大。以冶金为例，普通状态下的固体废物监测系统与降雨状态下的固体废物监测系统数据相差有 8~9 倍，这将大大影响检测人员对固体废物的浓度判断。同时，天气因素还会增加固体废弃物的扩散范围，同时这也会增加检测人员的分析难度。

4. 相关的技术支持明显不足

首先，固体废弃物的体积大小相差极大，所以在小型固体废物的监测上，就需要较高精度的仪器来支持。同时，小体积的固体废弃物的扩散性较大，所以还需要对范围内的物体浓度进行计算，这就需要相关检测仪器有对应的功能支持。同时，部分固体废弃物的分析时间较长，短时间内很难实现相关数据的分析处理。如果固体废弃物本身就有较强的扩散性，这还需要动态的监测设备进行物质追踪。不过对于现代科学技术来讲，基本上很少国家目前能够实现上述目标。

（二）环境固体废物监测技术

1. 卫星位置定位

在这几年，我国卫星定位精度不断增加，也开始逐渐应用至固体废物的检测当中。比如在 2019 年的环境保护行动中，环境检测人员通过利用无人机、卫星等设备实现了固体废弃物的动态检测。而在此次行动中，监测人员也充分利用了卫星定位的精准、高频、高覆盖面积的特点，从而实现了固体废物的精确打击。

除了单一的卫星定位以外，卫星辅助监测模式也可以帮助监测人员构建全方位的立体监测系统。比如能够及时发现固体废物的非法处理行为，从而为及时阻止非法行为做好技术支持。比如在秸秆焚烧中，人工看管需要耗费大量的成本，而卫星就可以直接对焚烧位置进行精确定位，并最大限度地降低人力资源的消耗。同时，卫星定位还可以实现自动化的定位、导航、拍照、传输功能，实现 360 度的无死角监测。不过，卫星定位的精度相对较差，只能满足于大型固体废物的动态检测，而对于小型的固体废物，则只能起到辅助设备的引导、数据收集以及定位功能。而智能化以及全自动的建设行为也必须依靠已有的数据库进行支撑，所以要尽可能地提升数据库的信息容量。当然，卫星本身并不具备数据监测功能，所以其基础功能实现还需要使用传感器。

因此，对卫星技术来讲还是需要有更多的技术支持，以便于使其能够应用至更多的监测行为中。

2. 遥感技术

遥感技术主要是通过远距离非接触的方式，利用目标物质的具体性质来对物体的本质检测。在分类上，现在遥感技术又分为红外遥感技术以及反射红外遥感技术。可以预见的是，在未来的固体废弃物检测中这将成为检测的主要方式。实际上在现阶段的环境检测中，遥感技术就发挥出了巨大作用。比如在大气污染中，遥感技术就能够利用其大范围的监测面积来对扩散性较强的固体废弃物进行集中检测。检测中，遥感技术还能够利用其自身性质来对固体废弃物的扩散范围、扩散条件以及扩散后状态进行数据分析，从而为后期的固体废弃物处理做好准备。而在土壤固体废弃物的处理中，遥感数据可以对土壤类型以及固定时间内的地质变化情况进行分析，推算出该范围内的土壤变化情况。而对于在土壤中的固体垃圾也能够通过此项技术来进行分析。

而另一方面，遥感技术还可以直接与 GPS 定位系统进行联合工作，实现自动定向式的区域分析。不过该项技术的稳定性还相对较差，所以还需要一定的研发时间去进行技术优化。

3. 便携式气质联用仪

在 21 世纪初，便携式气质联用仪主要应用于急性的环境污染事件中，其主要功能是对挥发性有机物进行收集。因为部分固体废弃物本身就具有强烈的挥发性，所以也会用到便携式气质联用仪进行数据检测。与传统检测模式相比，便携式气质联用仪能够直接用于现场，其精度处理也能够达到相关要求。另外，便携式气质联用仪的使用场景非常广泛，其灵活的探头以及空气净化系统能够满足大部分区域固体废弃物的影响分析。而其本身所携带的 Survey 模式也能够快速进行质谱扫描，迅速确定固体废弃物的挥发程度以及存在的危害风险。最重要的是，便携式气质联用仪的便携性相对较强，能够进行快速的位置切换。而在 2020 年初，部分发达国家对便携式气质联用仪的体积进行了优化，这使得其探头部分能够直接用于重型无人机中，实现与 GPS 卫星定位系统的联合作业。

当然，由于便携式气质联用仪的成本相对较低，所以也被布置于大部分的工业生产场所，对其污染区域进行数据检测。

4. 数据分析技术

从主观意向上来看，大部分的固体污染物监测都会运用数据分析技术。但实际上，上述的数据分析主要是对固体污染物的数据进行分析处理，从而得到相关的结果数据。而数据分析技术则是以数据分析为主体，通过分析能力来实现污染物的定点监控。在该技术的应用中，GPS 技术的定位精度也能够得到大大提升，而遥感技术本身的数据优势也能够应用于其他的检测技术中，从而发挥出更大作用。

可以说，数据分析技术是固体废物检测技术的大脑，并能够控制其他子项技术来辅助进行工作。

5. 地理信息系统

地理信息系统主要针对的是该区域的土壤、地面以及地面上空固定范围内的信息收集，在该系统的应用下，监测人员能够快速对固体污染物的扩散范围、扩散距离进行估计，从而实现一定范围内的定向追踪。在与数据分析系统结合后，能够分析该区域的环境异常部分，并实现定点的固体污染物追踪。同时，地面信息系统也可以利用其自身优势实现固体污染物的提前干预。比如利用地面信息系统可以提前计算出固体污染物的传播污染途径，以及在环境脆弱区域的聚集情况。

另外，地理信息系统也可以与 GPS 系统、数据分析系统、遥感技术形成立体的检测圈，进一步扩大圈内各系统的监测效果。

（三）固体废物环境监测的控制

1. 加大对采样技术的研究力度

监测工程中要加大对采样技术的研究力度，根据每次不同的现场采样情况，研究采样方式，积累采样经验，采取有效的措施应对每一次的应急采样，准确辨别与分析样品属性，避免样品出现交叉感染，代表性不强等问题，监测部门不断建立与更新采样技术规范，促使监测人员掌握先进的采样技术。

2. 增强监督力度

固体废物鉴别是危险废物鉴别的方法之一，通过加强固体废物监测的监督工作力度，提高固体废物监测的能力，为危险废物鉴别提供依据。环保监督部门在已有监管制度的基础上，补充和完善环境监测、监管制度，对相关企业单位实施全方位监督，大力排查各工业企业，有计划地开展固体废物污染环境监测，尤其对于小微企业落实污染者依法负责的原则，以防偷排、偷倒危险废物行为出现，努力做到早发现、早预防、早治理；加强环境监测站和第三方检测机构的能力验证工作，定期开展相应的能力验证，使具有固体废物检验检测能力的机构持有高效的检验检测水平；对其能力进行考核、监督和确认，有效地提高检验、检测机构出具数据的准确性和可靠性。

3. 加大对突发应急事故的监测和治理

在现代化建设进程中，环境监测技术有着必不可少的作用，在环境保护过程中要加大对突发应急事故的监测和治理，做好应急准备工作，有效处理事故，因此，在应急过程中监测工作要从实际出发，使用先进的监测技术有效处理污染物，确保事故现场的环境质量。另外，针对环境问题监测部门应该强化应急手段，根据每次不同的应急状态，分析事故原因并总结经验，制定规范有效的环境突发事故的后续处置方案，从根本上遏制突发事故的发生。

4. 实现环境监测技术配套硬件设备的更新换代

配套的硬件措施在环境监测技术应用中至关重要，尤其是在我国检测设备较为落后的、先进设备较少的状况下，要不断地在监测过程当中实现设备的更新换代，要坚定不移地跟随时代的发展，选择最合适最先进的监测设备，以此来确保监测技术的有效利用，比如：原子荧光，电感耦合等离子体质谱仪、气相色谱质谱仪、液相色谱仪、红外测定仪、离子色谱仪、自动滴定仪等大型检测设备。同时，要加强管理，即定期对设备进行维护和管理，确保设备的合理配置，避免出现多而不精的现象。必须注意，对采购的仪器设备必须精挑细选，多方位研究，包括维护的成本、实际的操作性和性价比，从而最大化提升环境监测设备的使用效率，提升监测的质量。

第三节　环境监测对环境问题的改善

一、环境监测在追查环境案件的作用

当公安机关和司法部门在严厉打击严重环境违法犯罪行为时，监测机构就有必要在这时为他们提供数据证据，保证案件能够顺利完结。国家近年来重新修订了"两高"司法解释，在一定程度上完善了有关环境犯罪的惩罚法律依据，反过来也对环境监测提出了更加严格的要求。从一定程度上来说，监测机构提供的所有数据说明是法院判刑的主要依据，所以基于此，所有的环境监测部门都必须严格按照相关规定，同时配合有关部门提供最准确、最客观的数据资料。

（一）环境监测数据与环境执法

环境监测数据是通过使用物理方法、化学方法、生物方法检测一定范围内环境中的各种物质的含量所得出来的数据。使用物理方法对光、声音、温度等进行检测；使用化学方法检测空气、水域中的有害物质；使用生物方法检测周围生物群落的变化、病原体的种类和数量等。利用这些方法得到的环境监测数据十分科学，故而为我国环境执法机构提供了有力的依据。

随着科技的进步，我国环境监测的方法也越来越智能化，环境监测体系也逐渐完善起来。环境监测的数据是由自然因素、人为因素、污染成分三方面构成的。环境监测数据能够为环境管理、污染源控制、环境规划提供科学的依据。环境研究者可以根据环境监测数据得出污染源的分布情况，考察并研究产生污染的原因并制定减少污染的可行方案。以改善人们的生存环境保证人们的健康为目标，提高我国的环境质量。环境监测数据具有瞬时性、科学性、综合性、连续性、追踪性等特点，为人类与自然和谐相处、保护环境方面做出了巨大的贡献。

环境执法又称为"环境行政执法"，环境执法是指我国有关环境保护部门依据环境保护法监督我国公民或企业的环境行政行为。环境执法为我国环境的保护做出了贡献，很大程度上避免了污染环境行为的发生。人们的生活环境直接关系着人们的身体健康，我国的工业发展迅速，环境问题却不容乐观。随着环境污染越来越严重，我国的环境保护法也逐渐完善。近几年，我国发出"绿水青山就是金山银山"的口号，加强了对企业和个人的监督，对违法的企业或个体将追究法律责任，严肃处理。

目前我国环境有了较大的改善，但是在环境执法方面依然存在着以下问题：

存在着地区执法力度不均匀的现象。我国城市之间发展不平衡，有些城市（北京、上海等）经济发达，环境执法效果好，且很多一线城市实行环境保护措施后污染物减少，空气质量、水质量有了很大的提高。而一些不发达的小城市和乡村地区仍然普遍存在着污染环境的现象，因为乡村地区的人民普遍缺少环境保护的意识，对环境保护法也不够了解。

很多企业过分追求利益，生产过程中所用的设备、原材料不符合国家标准，没有及时处理生产过程中产生的有害物质，而是直接把有害物质排放到空气或水域中，对附近环境造成巨大污染。我国执法部门没有做到全方位的检查，我国国土面积大，存在许多没有监督到的地区，导致不法企业在这些地区违法生产。即使我国对不法企业进行惩罚，其对环境造成的污染也需要投入大量人力物力去治理。

公民自身对环保的意识不够高，没有规范自身行为。在我国，乱扔垃圾、燃放烟花爆竹、开排放量较大的私家车的公民数量依然很多，公民如果在公共场所做出破坏环境的行为，事后相关部门也很难找出具体的人，违法的个人往往会因此逃避法律责任。针对上述在环境执法中产生的问题，可以采取以下措施：

1. 扩大监督范围，加大惩罚力度

我国应将环境监督的范围由一线城市扩展到二线城市，再由二线城市扩展到三线城市，由三线城市扩展到乡镇农村，争取不放过任何一个角落，每隔一定的距离安装环境检测装置，定期将环境监测数据反馈给相关部门。将监督的任务下发到各个部门，对违法破坏环境的行为要依法进行处理。我国有关环境保护的法律法规要具体到细节上，避免出现不法分子钻法律空子的情况，做到有法可依。对不法分子严肃惩治处理后，可以通过网络新闻、电视报道等方式告诉公民，让公民充分了解到破坏环境要付出的代价。

2. 提高公民环保意识，形成良好的社会氛围

目前我国许多乡镇居民的环保意识有所欠缺，针对这种情况，我国应该加大绿色环保的宣传力度，定期在乡镇地区开设环境保护大讲堂，开展环境保护有奖问答的活动，在电视、手机短视频软件播放平台上定期播出环境保护和相关法律宣传视频，营造一个提倡绿色低碳的社会氛围。如果公民的环保意识提高了，我国在环境保护方面就会越做越好，慢慢成为一个环境友好型的大国。

3. 赋予环境保护部门强制执法的权力

赋予环境保护部门强制执法的权力有利于对企业进行监督和管理，可以避免环境保护部门管理违法企业时浪费不必要的时间。如果在环境保护部门的管理范围内存在危害环境的企业，环境保护部门就可依法强制该企业停工、并对该企业进行相应处罚，如扣押、没收、罚款等等。

（二）环境监测数据在环境执法中的应用方法

1. 环境监测数据为环境执法提供了科学依据

环境监测数据是依靠各种先进的检测设备在一个时间段内多次检测出来的环境信息，因此在排除检测设备故障的情况下，环境监测数据是十分科学可靠的。相关部门在监测环境的情况时，环境监测数据是最可靠的依据。使用各种手段和检测设备监测环境数据时，要保证监测方式不违背法律法规。环境监测设备每次监测后都要将数据发送给数据收集人员。在进行土壤或水域检测时，可以采取抽样检测的方法，检测人员抽取部分的土壤或水质，在每份样本上都标记地点、时间等信息，保证样本数据的真实性。环境监测具有时间性和规律性，每隔一段时间就要对周围环境进行监测，不断更新监测数据,保证数据的实效性,避免因为环境监测数据过于久远而影响环境执法。环境监测数据包括多方面的信息，例如土壤质量、空气中有害物、水的质量等，一个地区的环境监测数据不是单方面的，而是要综合各种环境因素。将各种环境监测数据分别记录在表格中，环境执法也要进行多方面考虑，依据环境监测数据找到污染源，并解决污染环境的源头问题。

2. 环境监测数据是环境执法的证据

环境监测是环境的监督和测量的简称。环境监测的第一步是制定相应的计划，然后在一定的区域范围内现场调查和收集资料，对要监测的地区进行少量多次的样本采集，保证样品能够代表该地区的环境实际情况，采集样本后使用化学仪器分析样本中各种成分的含量，最终得出来的数据就是环境监测数据。环境监测数据的检测过程中使用到了许多代表着现代科技的智能化检测仪器，这些检测仪器均具有高效性、准确性的特点。环境监测数据代表着一定范围内的环境情况，能够为环境执法提供有力的证据。如果该区域内存在污染环境的违法企业，环境执法部门依据这些环境监测数据追究违法企业的法律责任，依法对违法企业进行相应的处罚。由此可见环境监测数据提高了环境执法的效率，方便了环境执法人员的工作。

二、电磁辐射污染的环境监测

辐射管理也是我国环境问题中一个比较重要的事情，若想对其进行安全高效的管理，最为重要的一个环节就是落实实时监测。我国在一些地区已经建立了相关的监测机构，以保证核电地区的核安全。

（一）电磁辐射概述

1. 电磁辐射背景及研究现状

自电磁感应现象被发现以来，电磁技术已被广泛应用于节能、通信、制造、医药、科研、农业、军事等多个领域，而且应用范围还在不断扩大。作为一种新技术、新资源，电磁技术极大地推动了人类社会诸多领域的革新与发展。但随之而来的问题是电磁辐射污染，其影响和危害日渐受到人们的关注和重视。

2. 电磁辐射污染的主要危害

随着电磁技术的广泛应用，环境中的电磁辐射越来越强，高强度的电磁辐射已经达到直接威胁健康的程度，由此引发的矛盾和纠纷也时有发生。电磁辐射污染产生的危害主要表现在三个方面：一是人体健康。电磁辐射可对神经系统、内分泌系统、免疫系统、造血系统产生影响；二是电磁干扰。电磁辐射会对电子设备、仪器仪表产生干扰，导致设备性能降低，严重时还会引发事故；三是燃爆隐患。电磁辐射能造成易燃易爆物品的燃烧、爆炸。

3. 电磁辐射环境状况

目前人们所处的电磁环境状况主要表现在四个方面：一是通信基站所使用的大功率电磁波发射系统对周围电磁环境的影响；二是广播电视发射系统对周围区域的电磁环境影响；三是高压电力系统的布设造成的电磁污染；四是日常电子设备的接触、利用带来的电磁环境污染。

（二）一般电磁辐射环境的监测

一般电磁辐射环境是指在较大范围内，由于各种电磁辐射源通过各种传播途径造成的电磁辐射背景值。一般电磁辐射环境的监测可以参照《辐射环境保护管理导则电磁辐射监测仪器与方法》（HJ/T10.21996），将某一区域按一定的标准划分为网格，监测点取网格的中心位置，再考虑建筑物、树木等屏蔽影响，对部分网格监测点做适当调整。具体的监测工作按照《辐射环境保护管理导则电磁辐射监测仪器与方法》（HJ/

T10.21996）进行。由于环境中辐射体频率主要在超短波频段，采用电场强度为评价指标，依据《电磁辐射防护规定》（GB8702—88）来选取评价标准。一般环境的电磁辐射污染状况反映了一个区域在某个时间段电磁辐射环境的背景水平，可以从电磁辐射环境质量、电磁辐射分布规律、污染区域的电磁辐射环境特点三个方面去着手进行分析研究，以此评估一个区域一般电磁辐射环境状况。

（三）特定电磁辐射环境的监测

特定电磁辐射环境，是指在特定范围内由相对固定的电磁辐射源造成的电磁辐射背景值。电磁辐射源是引起电磁辐射污染的源头，分析、研究特定电磁辐射环境，对电磁辐射源进行调查统计是环境监测工作的前提。采取污染源普查的方式，对国家规定的规模以上的电磁辐射源进行基础性的全面调查，初步掌握电磁辐射源的种类、数量、规模等基本信息，为环境监测工作提供有效依据。

1. 移动通信基站电磁辐射环境监测

（1）移动通信基站工作原理

移动通信是利用射频发射设备和控制器通过收发台与网内移动用户进行无线通信的。无线通信是由基站接收及发射一定频率范围内的电磁波实现的。基站主要通过发射天线改变周围电磁辐射环境。

（2）移动通信基站电磁辐射环境的监测

移动通信基站电磁辐射监测工作主要包括监测仪器、监测点位、监测时间、监测技术要点等内容，按照《辐射环境保护管理导则电磁辐射监测仪器与方法》（HJ/T10.21996）以及《辐射环境保护管理导则电磁辐射环境影响评价方法和标准》（HJ/T10.31996）的规范要求为质量标准。这里主要对基站机房、地面塔、楼上塔、增高架等处进行监测，依据国家《电磁辐射防护规定》（GB8702–88）的标准，所监测的电磁强度值应满足 < 5.4V/m 的要求。

2. 广播电视系统电磁辐射环境监测

（1）广播电视系统工作原理

广播电视发送设备主要组成部分是发射机和发射天线，基本原理是用即将传送的信号经调制器去控制由高频振荡器产生的高频电流，然后将已调制的高频电流放大到一定电频并送到天线上，以电磁波的形式辐射出去。

（2）广播电视系统电磁辐射环境监测

广播电视发射设备的电磁辐射监测条件及监测方法参照《辐射环境保护管理导则电磁辐射环境影响评价方法和标准》（HJ/T10.31996）和《辐射环境保护管理导则

电磁辐射监测仪器与方法》（HJ/T10.21996），对周围地面点、塔上工作环境、周围敏感点三个方面布点进行电磁辐射环境监测。依据国家标准《电磁辐射防护规定》（GB8702–88）所监测的电磁强度值应满足 < 5.4V/m 的要求。

3. 高压电力系统电磁环境监测

（1）高压电力系统工作原理

高压电力系统主要通过高压输变电工程影响周遭环境，主要包括高压架空送电线路和高压变电站，具有电场、磁场和电晕三种电磁场特性。高压电力系统的电磁污染主要表现在由电晕放电和绝缘子放电引起的无线电干扰和热效应、非热效应两种生物学效应。

（2）高压电力系统电磁环境监测

高压电力系统的电磁辐射监测工作参照《辐射环境保护管理导则电磁辐射监测仪器与方法》（HJ/T10.21996）。同时，根据不同的电压等级选取不同的送变电工程电磁辐射环境影响评价技术规范为标准。高压电力系统电磁环境监测指标分别为综合工频电场强度和磁场强度，所监测的值应满足技术规范的要求。

三、环境监测中挥发性有机物监测方法的运用

环境监测也对减少挥发性质有机物方面有着重要的作用。这类有机物可以说是构成 Pm2.5 的重要成分，根据之前环保部门颁发的有关规定，各地都在加大对此类情况的打击力度，以此来促使相关企业可以减少使用量等情况。

（一）挥发性有机物的定义

挥发性有机化合物（Volatile Organic Compounds，以下简称 VOCs）在全球范围内都没有一致的定义，目前，在各个种类的检测方式中人们对于目标化合物的检测也越来越重视。接下来将全球范围内针对挥发性有机物的定义方式进行分析。

例如，首先在世界卫生组织（WHO）的定义中认为，当某类有机物化合物大于标准大气压的时候，并且在室温以下以气态的状态保留于空气中，其沸点的范围为 50℃到 260℃之间的化合物的总称视为挥发性有机物。其次是根据美国联邦环保署（EPA）、美国 ASTMD3960–98 等标准对挥发性有机物的定义是某种有机化合物能与大气光化合产生作用即称为挥发性有机物。现在我们国家对于挥发性有机物的定义是没有具体的准则，在我国环保部门公布的《十三五挥发性有机物污染防治工作方案》里对于挥发性有机物的定义沿用了美国 EPA 的具体定义，挥发性有机物是根据能否与大气光化学产生反应的条件来判定的有机化合物，其中主要是成分中含有硫的有机化合物，例如

烷烃、烯烃、炔烃、芳香烃、含氧有机物、挥发性卤代烃、甲硫醇、甲硫醚等，这些化合物都是形成臭氧（O_3）和细颗粒物（Pm2.5）污染的重要前体物。

（二）挥发性有机物的来源及危害

目前，我国经济持续稳定且健康地发展着，城市化的进程也随之不断发展深化，我国的工业发展在国家发展的进程中也在积极发展着，随之而来的就是在我国各方面发展的同时，也给环境带来了不同程度的影响与破坏，尤其是在环境空气中的挥发性有机物的污染情况也在持续深化，越来越得到社会各界的重视。挥发性有机物（VOCs）的主要来源是工业领域和生活来源，挥发性有机物（VOCs 的）成分比较多，其中有非甲烷烃类的成分，比如（烷烃、烯烃、炔烃、芳香烃等），还有含氧有机物的成分，比如，醛、酮、醇、醚等，以及含氯、含氮、含硫有机物等。

在《挥发性有机物（VOCs）污染防治技术政策》（公告 2013 年第 31 号）中有关于挥发性有机物的定义，在工业领域的来源主要是石油化工生产行业，比如在石油炼制与石油化工、煤炭加工与转化等，还有非甲烷总烃这种原料的污染，再就是油类（燃油、溶剂等）的储藏与运输及销售的过程，还有涂料、油墨、胶粘剂、农药等等，以非甲烷总烃作为生产原料的行业，如涂装、印刷、黏合、工业清洗等含有非甲烷总烃产品的使用过程；生活来源主要是在建筑行业发展过程中，建筑内部有的装饰与装修，餐饮行业的污染以及在服装干洗行业的污染。

挥发性有机物（VOCs）是存在危害的，主要从以下三个方面分析：

在挥发性有机物中，由于一些成分是有毒、有害的，当周围环境中的挥发性有机物的浓度超过一定数值时，在短期时间里可能会出现头疼、恶心、呕吐、乏力等身体不适的状况，严重的时候可能还会造成抽搐、昏迷，对人体的肝肾和大脑功能，以及大脑神经系统造成影响，同时也有可能会造成记忆力降低的严重后果。

在挥发性有机物中某些物种拥有特别强的光化学反应活性，这些物种是造成臭氧的重要前体物。

挥发性有机物也是参与光化学反应的产物，在细颗粒物中的属于其重要成分之一，是出现灰霾天气的重要前体物。

（三）环境工程中的 VOCs 监测方法分析

1.传统监测

气相色谱法（GC）、液相色谱分析法、反射干涉光谱法、离线超临界流体萃取（GC-MS）法和脉冲放电检测器法等是关于挥发性有机物的监测中传统的监测方法。在目前 VOCs 监测工作中最常用到的方法就是气相色谱法（GC）和离线超临界流体萃取（GC-

MS）法。其中，气相色谱法优点在于其有非常高的选择性以及灵敏性，并且其分析的速度比较快，在实际的监测中应用的范围相对来说比较广。而离线超临界流体萃取（GC-MS）法在有着较强的分离作用之外，既可以进行有指向性的鉴定，还能针对未分离的色谱峰进行相关检测，在监测后的分析工作中，无论是监测的灵敏性，还是关于监测结果的数据分析能力，都有着较高的准确性。基于此，在目前的环境工程中关于挥发性有机物的监测方式主要为离线超临界流体萃取（GCMS）法。

2. 在线监测

虽然目前在环境工程中挥发性有机物的监测方法大多采用气相色谱法或离线超临界流体萃取法，并且能取得良好的石油效果，但是并不能忽视这两种方法自身具有的局限性。当今人们不仅对于环境工程很重视，也越来越注重并且着力于环境中挥发性有机物的在线监测方法的分析与钻研，比如膜萃取气相色谱技术与激光光谱技术的应用。但目前在新检测的监测仪器还是存在缺点，比如价格昂贵、仪器的体积相对庞大等，这些缺点在一定程度上限制了其应用的范围。但目前，可调谐激光技术的发展也越来越顺利，这种技术的监测手段也越来越完整，相信在以后的挥发性有机物在线监测工程中可调谐激光吸收光谱技术能发挥出更大的作用。

3. 高效液相色谱法

在自动化技术大力发展的背景下，高效液相色谱法应运而生。这种方式的优势也较为明显，同样也有着高效的监测能力，高效液相色谱法是根据液相色谱和质谱的相互接连，可以有效提升分析监测数据的能力，并且在监测中能够有效地鉴定出相对复杂的监测样本中的微量化合物。并且还能保证在监测后不破坏检测后样本的自体结构，而且，关于高效液相色谱法的灵敏性也比较高，对于样本成分的分析能力也很突出，在样本监测中可以达到液到液、液到固、离子交换、离子对的分离，能更有效保证定量分析。

紫外检验、荧光检验等一些方法是高效液相色谱法大多采用的方法，能够有效扩大需要监测的范围，提升监测数据的准确性，大力推动了关于改进方案的落实。

4. 吸附管采样　热脱附

在环境工程挥发性有机物的监测中，一部分特殊的化合物能够根据吸附管取样和热脱附的方式来进行监测。例如 TO–17 在空气中采集样品时，使用了吸附管取样热脱附监测技术，收集了 30 多种挥发性有机化合物，如氯苯、苯系物和卤代烃，在气相色谱分离过程中，经热脱附后，通过质谱仪进行鉴定。这个技术操作容易，选择性高，经济投入也低。它可以在没有液氮的情况下冷却，并可用于收集和处理大体积样品。吸附管取样不可以应用在性质差别太大的组分，特别是低碳等挥发性组分。吸附能力

弱的低碳组分在 C_3 以下。

如乙炔、乙烯、乙烷等 C_2 化合物占挥发性有机物总量的 30% 以上。乙炔和乙烯的臭氧生成系数给臭氧的生成带来了很强的驱动力，基于此，吸附管采样热解吸并不适用于环境空气中的挥发性有机化合物的监测。高浓度样品出现穿透情况的概率高，采样时要应用串联方式，但吸附柱发生中毒的概率也会比较大。针对极性较高的酮和醛，由于这两个方式的灵敏度很低，所以应用吸附管采样或罐采样的过程就比较烦琐。将 HJ68331–2014 样品管填充并涂上 2，4– 二硝基苯肼，所得到衍生物稳定性极高，可以储存一个月。乙腈溶解后，应用液相色谱法进行取样分析。该方法简便、灵敏、成本低。适用于醛、酮的测定。但由于应用范围小，该方法仅限于醛和酮的检测。

5. **其他的监测方法**

在环境工程挥发性有机物的监测中，除去上文中描述的监测方式，另外还有一些监测方法，比如通过 HJ1011–2018 傅立叶变换 A 红外气体分析仪器进行检测，在监测空气中的乙烷、乙烯、丙烯、乙炔、苯、甲苯、乙苯和苯乙烯等挥发性有机物时有很大的优势，这种仪器的优点在于比较方便携带，对于监测的实际环境要求也不高，但是这种仪器监测也存在一定局限性，因为在实际监测工作中这类仪器的监测种类并不多，并且检出限（检出限一般有仪器检出限，仪器检出限是指分析仪器能检出与噪音相区别的小信号的能力）较高，所以在监测工作中主要适用于应急定性和半定量的监测任务。其他监测标准方法无法进行多组分监测任务，对于单一或几种污染物的监测工作会多一些，HJ583–2010，HJ584–2010，这两点仪器就只能监测几种常见的苯系物。

（四）适合我国的环境空气 VOCs 监测方法

随着我国经济的发展，对于环境工程的也越来越重视，对于环境工程中挥发性有机物的监测也逐渐严格起来，目前对于挥发性检测物的监测方法和仪器选择很多，但是根据我国的实际情况，气相色谱法（GC）和离线超临界流体萃取（GC–MS）法是目前在我国进行监测工作中使用最多的方法，这两种方法也是可以监测数量比较多的挥发性有机物的仪器。在现在实验室方法监测环境空气中挥发性有机物的方法有两种较为普遍，并且这两种方法的可造作性较高，第一种是固体吸附 / 热脱附 /GC 或 GC–MS 方法，第二种是罐采样 / 冷冻预浓缩 /GC 或 GC–MS 方法。

在运用这两种方法的监测中，两种方法全是根据富集（从大量母体物质中搜集欲测定的微量元素至一较小体积，从而提高其含量至测定下限以上的这一操作步骤。）对于空气中的低浓度挥发性有机物，经过聚集的挥发性有机物的最低含量可通过 GC 或者 GC–MS 进行采样何物进行详细地分析，从而得到准确性较高的测定数据。从目前的监测效果来看，更有优势的方式是罐采样 / 冷冻浓缩方法。

第四章　生态环境污染监测实践及创新技术应用

　　生物与其生存环境之间存在着相互影响、相互制约、相互依存的密切关系，其中，生物需要不断直接或间接地从环境中吸取营养，进行新陈代谢，维持自身生命。当空气、水体、土壤等环境要素受到污染后，生物在吸收营养的同时也吸收了污染物质，并在体内不断迁移、积累，从而受到污染。受到污染的生物在生态、生理和生化指标、污染物在体内的行为等方面会发生变化，会出现不同的症状或反应，利用这些变化来反映和度量环境污染程度的方法称为生物监测法。

　　生物监测具有物理和化学监测所不可替代的作用，其特点体现在：①生物监测反映的是自然的、综合的污染状况；②能直接反映环境质量对生态系统的影响；③可以进行连续监测，不需要昂贵的仪器、设备；④生物可以选择性地富集某些污染物（可达环境浓度的 103 ~ 106 倍）；⑤可以作为早期污染的"报警器"；⑥可以监测污染效应的发展动态；⑦可以在大面积或较长距离内密集布点，甚至在边远地区也能布点进行监测。因此，生物监测方法是物理和化学监测方法的重要补充，二者相结合即构成了综合环境监测手段。

　　根据生物所处的环境介质，生物监测可分为水环境污染生物监测、空气污染生物监测和土壤污染生物监测。从生物分类法划分，生物监测包括动物监测、植物监测和微生物监测。以生物学层次划分，生物监测方法主要有生态监测（群落生态和个体生态），生物测试（毒性测定、致突变测定等），生物的生理、生化指标测定及生物体内污染物残留量的测定等。以采用的方法划分，生物监测主要有实验室内的生物测试和现场生物调查两种方法。

　　利用生物进行环境污染监测，早在 20 世纪初就已经引起了生态学家的注意。例如：利用植物叶片受害症状监测空气中的污染物，利用地衣的种类、数量和覆盖率来说明空气质量变化，利用生物群落特征和变化监测水体污染状况，利用金丝雀和老鼠来监测矿区瓦斯含量等。自 20 世纪 70 年代以来，水污染和空气污染生物监测技术发展较迅速，相比之下，土壤污染生物监测工作开展和应用较少。近几年，随着空间技术的发展，生态监测也受到广泛的关注。

第一节　水环境污染生物监测

一、水环境污染生物监测的目的、样品采集和监测项目

对水环境进行生物监测的主要目的是了解污染对水生生物的危害状况，判别和测定水体污染的类型和程度，为制定控制污染措施，使水环境生态系统保持平衡提供相关依据。

水环境生物监测的监测断面和采样点的布设也应在对监测区域的自然环境和社会环境进行调查研究的基础上，遵循监测断面要有代表性，尽可能与物理和化学监测断面相一致，并考虑水环境的整体性、监测工作的连续性和经济性等原则。对于河流，应根据其流经区域的长度，至少设上（对照）、中（控制）、下（削减）游三个断面；采样点数视断面宽、水深、生物分布特点等具体确定。对于湖泊、水库，一般应在入湖（库）区、中心区、出口区、最深水区、清洁区等处设监测断面。对于海洋，监测站点应覆盖或代表监测海域，以最少数量监测站点满足监测目的需要和统计学要求；监测站点应考虑监测海域的功能区划和水动力状况，尽可能避开污染源；除特殊需要（因地形、水深和监测目标所限制）外，可结合水质或沉积物，采用网格式或断面等方式布设监测站点；开阔海区，监测站点可适当减少，半封闭或封闭海区，监测站点可适当增加；监测站点一经确定，就不应随意更改，不同监测航次的监测站点应保持不变。

在我国《水环境监测规范》、《水和废水监测分析方法》（第四版）和《中国环境监测技术路线研究》中，对河流、湖泊、水库等淡水环境的生物监测的监测断面布设原则和方法、采样时间和频率、样品的采集和保存，以及监测项目和方法都作了规定。在《近岸海域环境监测规范》中也规定了海洋生物监测的站点布设、监测时间与频率、监测项目、样品的采集与管理及分析方法等相关内容。按照规定的方法布点、采样、检测，获得各生物类群的种类和数量等数据后，可采用相应的方法去评价水环境污染状况。

水环境生物监测，以生物群落监测为主，针对不同的水体和监测的目的，采用不同的监测指标和方法。河流监测指标以底栖动物和大肠菌群监测为主，结合生物监测和浮游植物监测进行分析评价，河流水质评价采用 Shannon 多样性指数。湖泊、水库主要监测其富营养化情况，监测指标以叶绿素 a、浮游植物为主要指标，结合底栖动物的种类、数量和大肠菌群进行分析。湖泊水质评价方法采用以下三种：① Shannon 多样性指数；② Margalef 多样性指数；③藻类密度标准（湖泊富营养化评价标准）。

海洋生物监测可采用浮游植物、浮游动物及底栖生物的种类组成（特别是优势种分布）、种类多样性、均匀度和丰度，以及栖息密度等作为评价参数。海洋浮游生物、底栖生物用 Shannon 多样性指数法、描述法和指示生物法，定量或定性评价海域环境对海洋浮游生物、底栖生物的影响程度。

二、水环境污染生物监测方法

（一）污水生物系统法

污水生物系统是德国学者于 20 世纪初提出的，其原理基于将受有机物污染的河流按照污染程度和自净过程，自上游向下游划分为四个连续的河段，即多污带段、α-中污带段、β-中污带段和寡污带段，它们都有各自的物理、化学和生物学特征。根据所监测水体中生物种类的存在与否，去划分污水生物系统，确定水体的污染程度。

（二）生物群落监测方法

未受污染的环境水体中生活着多种多样的水生生物，这是长期自然发展的结果，也是生态系统保持相对平衡的标志。当水体受到污染后，水生生物的群落结构和生物个体数量就会发生一定的变化，使自然生态平衡系统被破坏，最终结果是敏感生物消亡，抗性生物旺盛生长，群落结构单一，这是生物群落监测法的理论依据。此法是建立在指示生物的基础上的。

1. 水污染指示生物法

水污染指示生物是指能对水体中污染物产生各种定性、定量反应的生物，如浮游生物、着生生物、底栖动物、鱼类和微生物等，它们对水环境的变化特别是化学污染反应敏感有较高的耐受性。水污染指示生物法就是通过观察水体中的指示生物的种类和数量变化来判断水体受污染程度的。

浮游生物是指悬浮在水体中的生物，可分为浮游动物和浮游植物两大类，它们多数个体小，游泳能力弱或完全没有游泳能力，过着"随波逐流"的生活。在淡水中，浮游动物主要由原生动物、轮虫、枝角类和桡足类组成。浮游植物主要是藻类，它们以单细胞、群体或丝状体的形式出现。浮游生物是水生食物链的基础，在水生生态系统中占有重要地位，其中多种生物对环境变化反应很敏感，可作为水污染的指示生物，所以在水污染调查中，浮游生物常被列为主要研究对象之一。

着生生物（即周丛生物）是指附着在长期浸没于水中的各种基质（植物、动物、石块、人工物品）表面上的有机体群落。它包括许多生物类别，如细菌、真菌、藻类、原生动物、轮虫、甲壳动物、线虫、寡毛虫类、软体动物、昆虫幼虫，甚至鱼卵和幼鱼等。近年来，着生生物的研究日益受到重视，其中主要原因是因为其可以指示水体的污染程度，对河流水质评价效果尤佳。

底栖动物是栖息在水体底部淤泥中、石块或砾石表面及间隙中，以及附着在水生植物之间的肉眼可见的水生无脊椎动物，其体长超过2mm，亦称底栖大型无脊椎动物。它们广泛分布在江、河、湖、水库、海洋和其他各种小水体中，其中包括水生昆虫、大型甲壳类、软体动物、环节动物、圆形动物、扁形动物等许多动物门类。底栖动物的移动能力差，故在正常环境下、比较稳定的水体中种类比较多，每个种类的个体数量适当，群落结构稳定。但当水体受到污染后，其群落结构便发生变化。严重的有机污染和毒物的存在，会使多数较为敏感的种类和不适应缺氧环境的种类逐渐消失，而仅保留耐污染种类，使其成为优势种类。目前应用底栖动物对污染水体进行监测和评价已被各国广泛应用。

在水生食物链中，鱼类代表着最高营养水平。凡能改变浮游动物和大型无脊椎动物生态平衡的水质因素，也能改变鱼类种群，同时，由于鱼类和无脊椎动物的生理特点不同，某些污染物对低等生物可能没有明显作用，但鱼类却可能受到其影响。因此，鱼类的状况能够全面反映水体的总体质量。进行鱼类生物调查对评价水质具有重要意义。例如，胭脂鱼是上海土著鱼，对水中的溶解氧和重金属的敏感度较高，水质可很大程度上影响它的生理指标、生长指标和死亡率。如果将其投放到苏州河中，通过对其体征状态的监测，可以起到监测水质的作用。又如德国在莱茵河治理过程中，治理目标是"让大麻哈鱼重返莱茵河"，故将大麻哈鱼作为指示生物，检验河流生态恢复的效果。

在被清洁的河流、湖泊、池塘中，有机质含量少，微生物也很少，但受到有机物污染后，微生物数量大量增加，所以水体中含微生物的多少可以反映水体被有机物污染的程度。

当水体污染严重时，选择能在溶解氧较低的环境中生活的颤蚓类、细长摇蚊幼虫、纤毛虫、绿色裸藻等作指示生物，其中颤蚓类是有机物严重污染水体的优势种，数量越多，水体污染越严重。如美国在伊利湖污染的调查中，利用湖中颤蚓数量作为评价指标，根据单位面积的水体中颤蚓数量将受污染水域分为无污染、轻度污染、中度污染和重度污染。水体中度污染的指示生物有瓶螺、轮虫、被甲栅藻、环绿藻、脆弱刚毛藻等，它们对低溶解氧有较好的耐受能力，常在中度有机物污染的水体中大量出现。

清洁水体指示生物有蚊石蚕、蜻蜓幼虫、田螺、浮游甲壳动物、簇生枝竹藻等，这些只能在溶解氧很高、未受污染的水体中大量繁殖。

2. 生物指数监测法

生物指数是指运用数学公式计算出的反映生物种群或群落结构变化，用以评估环境质量的数值。常用的生物指数有如下几种：

（1）贝克生物指数

贝克（Beck）于 1955 年首先提出一个简易的计算生物指数的方法，并依据该指数的大小来评价水体污染程度。他把从采样点采到的底栖大型无脊椎动物分为两类，即不耐有机物污染的敏感种和耐有机物污染的耐污种，按下式计算生物指数：

生物指数（BI）= 2A + B

式中：A、B——敏感种数和耐污种数。

当 BI > 10 时，为清洁水域；BI 为 1 ~ 6 时，为中等污染水域；BI = 0 时，为严重污染水域。

（2）贝克 – 津田生物指数

1974 年，津田松苗在对贝克生物指数进行多次修改的基础上，提出不限于在采样点采集，而是在拟评价或监测的河段把各种底栖大型无脊椎动物尽量采到，再用贝克生物指数公式计算，其中所得数值与水质的关系为：BI≥20，为清洁水区；10 < BI < 20，为轻度污染水区；6 < BI≤10，为中等污染水区；0 < BI≤6，为严重污染水区。

（3）生物种类多样性指数

马格利夫（Margalef）、沙农（Shannon）、威尔姆（Willam）等根据群落中生物多样性的特征，经对水生指示生物群落、种群的调查和研究，提出用生物种类多样性指数评价水质。该指数的特点是能定量反映群落中生物的种类、数量及种类组成比例变化信息。

① Margalef 多样性指数计算式为：

$D=S-1/\mathrm{In}N$

式中：d——生物种类多样性指数；

N——各类生物的总个数；

S——生物种类数。

d 值越低污染越重，d 值越高表示水质越好。其缺点是只考虑种类数与个体数的关系，没有考虑个体在种类间的分配情况，容易掩盖不同群落种类和个体的差异。

② Shannon–Willam 根据对底栖大型无脊椎动物的调查结果，提出用底栖大型无脊椎动物种类多样性指数（Shannon 多样性指数）来评价水质。采用底栖大型无脊椎动物种类多样性指数来评价水域被有机物污染状况是比较好的方法，但由于影响变化的因素是多方面的，如生物的生理特性、水中营养盐的变化等，故将其与各种生物数量的相对均匀程度及化学指标相结合，才能获得更可靠的评价结果。

（4）硅藻生物指数

用作计算生物指数的生物除底栖大型无脊椎动物外，也有用浮游藻类的，如硅藻生物指数：

硅藻生物指数 $=2A+B–2C/A+B–C \times 100$

式中：A——不耐污染藻类的种类数；

B——广谱性藻类的种类数；

C——仅在污染水域才出现的藻类的种类数。

万佳等 1991 年提出：硅藻生物指数 0 ~ 50 为多污带；50 ~ 100 为 α–中污带；100 ~ 150 为 β–中污带；150 ~ 200 为寡污带。

3.PFU 微型生物群落监测法（简称 PFU 法）

（1）方法原理

微型生物是指水生生态系统中在显微镜下才能看到的微小生物，包括细菌、真菌、藻类、原生动物和微型后生动物等。它们彼此间有复杂的相互作用，在一定的环境中构成特定的群落，其群落结构特征与高等生物群落相似。当水环境受到污染后，群落的平衡被破坏，种类数减少，多样性指数下降，随之结构、功能参数都发生变化。

PFU 法是美国 Cairns 博士 1969 年创立的。我国于 1991 年颁布（GB/T 12990—91）。该方法是以聚氨酯泡沫塑料块（PFU）作为人工基质沉入水体中，经一定时间后，水体中大部分微型生物种类均可群集到 PFU 内，达到种类数的平衡，通过观察和测定该群落结构与功能的各种参数来评价水质状况。还可以用毒性试验方法预测废（污）水或有害物质对受纳水体中微型生物群落的毒害强度，为确定安全浓度和最高允许浓度提出群落级水平的基准。

（2）测定要点

监测江、河、湖、塘等水体中微型生物群落时，将用细绳沿腰捆紧并有重物垂吊的 PFU 悬挂于水中采样，根据水环境条件确定采样时间，一般在静水中采样约需 4 周，在流水中采样约需 2 周；采样结束后，带回实验室，把 PFU 中的水全部挤于烧杯内，用显微镜进行微型生物群落观察和活体计数。国家推荐标准（GB/T 12990—91）中规定镜检原生动物要求看到 85% 的种类；若要求测定种类多样性指数，需取水样于计数框内进行活体计数观察。

进行毒性试验时，可采用静态式，也可采用动态式。静态毒性试验是在盛有不同毒物（或废（污）水）浓度的试验盘中分别挂放空白 PFU 和种源 PFU，后者在盘中央（每盘放一块），前者（每盘放八块）在后者的周围，并均与其等距；将试验盘置于玻璃培养柜内，在白天开灯、天黑关灯的环境中试验，于第 1、3、7、11、15 天进行取样镜检。种源 PFU 是在无污染水体中已放数天，群集了许多微型生物种类的 PFU，它群集的微型生物群落已接近平衡期,但未成熟。动态毒性试验是用恒流稀释装置配制不同废(污)水(或毒物)浓度的试验溶液,分别连续滴流到各挂放空白PFU和种源PFU的试验槽中,在第0.5、1、3、7、11、15天取样镜检。

（3）结果表示

微型生物群落观察和测定结果可用表4-1所列结构参数和功能参数表示。表中分类学参数是通过种类鉴定获得的,非分类学参数是用仪器或化学分析法测定后计算出的。群集过程三个参数的含义是：Seq为群落达平衡时的种类数；G为微型生物群集速率常数；T90%为达到90% Seq所需时间,利用这些参数即可评价污染状况。例如：清洁水体的异养性指数在40以下；污染指数与群落达平衡时的种类数Seq成负相关,与群集速率常数G成正相关等。还可通过试验获得Seq与毒物浓度之间的相关公式,并据此获得有效浓度（EC5、EC20、EC50）和预测毒物最大允许浓度（MATC）。

表4-1 微型生物群落观察和测定结果

	结构参数	功能参数
分类学	1. 种类数 2. 指示种类 3. 多样性指数	1. 群集过程（Seq、G、T90%） 2. 功能类群（光合自养者、食菌者、食藻者、食肉者、腐生者、杂食者）
非分类学	1. 异界性指故 2. 叶绿素a	1. 光合作用速率 2. 呼吸作用速率

（三）生物测试法

利用生物受到污染物危害或毒害后所产生的反应或生理机能的变化,来评价水体污染状况,并确定毒物安全浓度的方法称为生物测试法。该方法有静水式生物测试和流水式生物测试两种。前者是把受试生物放于不流动的试验溶液中,测定污染物的浓度与生物中毒反应之间的关系,从而确定污染物的毒性；后者把受试生物放于连续或间歇流动的试验溶液中,测定污染物浓度与生物反应之间的关系。测试分为短期(不超过96h)的急性毒性试验和长期(如数月或数年)的慢性毒性试验。在一个试验装置内,测试生物可以是一种,也可以是多种。测试工作可在实验室内进行,也可在野外污染水体中进行。

1. 水生生物毒性试验

进行水生生物毒性试验可用鱼类、溞类、藻类等,其中鱼类毒性试验应用较广泛。

鱼类对水环境的变化反应十分灵敏,当水体中的污染物达到一定浓度或强度时,就会引起系列中毒反应。例如行为异常、生理功能紊乱、组织细胞病变,最后直至死亡。鱼类毒性试验的主要目的是寻找某种毒物或工业废水对鱼类的半数致死浓度与安全浓度,为制定水质标准和废水排放标准提供相应的科学依据；测试水体的污染程度和检查废水处理效果等。有时鱼类毒性试验也用于一些特殊目的，如比较不同化学物质毒性的高低，测试不同种类鱼对毒物的相对敏感性，测试环境因素对废水毒性的影响等。下面介绍静水式鱼类急性毒性试验：

（1）供试验鱼的选择和驯养

金鱼来源方便，常用于试验。且要选择无病、活泼、鱼鳍完整舒展、食欲和逆水性强、体长（不包括尾部）约 3cm 的同种和同龄的金鱼。选出的鱼必须先在与试验条件相似的生活条件（温度、水质等）下驯养 7d 以上；试验前一天停止喂食；如果在试验前四天内发生死亡现象或发病的鱼高于 10%，则不能使用。

（2）试验条件选择

每种浓度的试验溶液为一组，每组至少 10 条鱼。试验容器用容积约 10L 的玻璃缸，保证每升水中鱼的质量不超过 2g。

试验溶液的温度要适宜，对冷水鱼温度为 12℃ ~ 28℃，对温水鱼温度为 20℃ ~ 28℃。同一试验中，温度变化为 ±2℃；试验溶液中不能含大量耗氧物质，需要要有足够的溶解氧，对冷水鱼 DO≥5mg/L，对温水鱼 DO≥4mg/L；试验溶液的 pH 应为 6.7~8.5，试验期间 pH 波动范围不得超过 0.4 个 pH 单位；硬度影响毒物毒性，一般来说，硬水可降低毒物毒性，而软水可增强毒物毒性，因此，必须注意检测试验溶液的硬度，并在报告中注明。硬度应为 50 ~ 250mg/L（以 $CaCO_3$ 计）。

配制试验溶液和驯养鱼用的水应是未受污染的河水或湖水。如果使用自来水，必须经充分曝气才能投入使用，且不宜使用蒸馏水。

（3）试验步骤

①预试验（探索性试验）：为保证正式试验顺利进行，需经探索性试验确定试验溶液的浓度范围，即通过观察 24h（或 48h）鱼类中毒的反应和死亡情况，确定不发生死亡、全部死亡和部分死亡的浓度范围。

②试验溶液浓度设计：合理设计试验溶液浓度是试验成功的重要保证，通常选 7 个浓度（至少 5 个），浓度间隔取等对数间距，例如：10.0、5.6、3.2、1.8、1.0（对数间距 0.25）或 10.0、7.9、6.3、5.0、4.0、3.6、2.5、2.0、1.6、1.26、1.0（对数间距 0.1），其单位可用体积分数（如废水）或质量浓度（mg/L）表示。另设一对照组，对照组在试验期间如果鱼死亡率超过 10%，则整个试验结果就不能采用。

③试验: 将试验用鱼分别放入盛有不同浓度溶液和对照水的玻璃缸中，并记录时间。前 8h 要连续观察和记录试验情况，如果正常，继续观察，记录 24h、48h 和 96h 鱼的中毒症状和死亡情况，供判定毒物或工业废水的毒性。

④毒性判定：半数致死量（LD50）或半数致死浓度（LC50）是评价毒物毒性的主要指标之一。鱼类急性毒性的分级标准如表 4–2 所示。求 LC50 的简便方法是将试

验用鱼死亡半数以上和半数以下的数据与相应试验溶液毒物（或废水）浓度绘于半对数坐标纸上（对数坐标表示毒物浓度，算术坐标表示死亡率），用直线内插法求出。表4–6列出假设某废水的试验结果，图4–1为利用试验结果求LC50的方法（直线内插法）。将三种试验时间试验鱼死亡半数以上和半数以下最接近半数的死亡率数值与相应废水浓度数值的坐标交点标出，并分别连接起来，再由50%死亡率处引一横坐标的垂线，与上述三线相交，由三交点分别向纵坐标作垂线，垂线与纵坐标的交点处浓度即为LC50，可见24h、48h和96h的LC50分别为5.2%、4.7%、4.4%。

表4–2 鱼类急性毒性的分级标准

96hLG90/（mg·L⁻¹）	< 1	1–10	10–100	> 100
毒性分级	极高毒	高毒	中毒	低毒

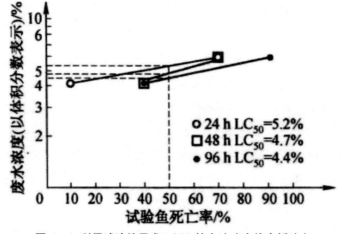

图4–1 利用试验结果求LC50的方法（直线内插法）

⑤鱼类毒性试验的应用：鱼类毒性试验的一个重要目的是根据试验数据估算毒物的安全浓度，为制定有毒物质在水中的最高允许浓度提供依据。计算安全浓度的经验公式有以下几种：

$$安全浓度=\frac{24hLC_{50}\times0.3}{\left[24hLC_{50}/48hLC_{50}\right]^3}$$

$$安全浓度=\frac{48hLC_{50}\times0.3}{\left[24hLC_{50}/48hLC_{50}\right]^2}$$

$$安全浓度=24hLC_{50}\times(0.1\sim0.01)$$

目前应用比较普遍的是最后一种。对易分解、积累少的化学物质一般选用的系数为0.05～0.1，对稳定的、能在鱼体内高积累的化学物质，一般选用的系数为0.01～0.05。

按公式计算出安全浓度后，要进一步做验证试验，特别是对具有挥发性和不稳定性的毒物或废水，应当用恒流装置进行长时间（如一个月或几个月）的验证试验，并设对照组进行比较，如发现有中毒症状，则应降低毒物或废水浓度再进行试验，直到确认某浓度对鱼是安全的，即可定为安全浓度。此外，在验证试验过程中必须投喂饵料。

2. 发光细菌法

（1）方法原理。

发光细菌是一类非致病的革兰氏阴性微生物，它们在适当条件下能发射出肉眼可见的蓝绿色光（450nm～490nm）。当样品毒性组分与发光细菌接触时，可影响或干扰细菌的新陈代谢，使细菌的发光强度下降或不发光。在一定毒物浓度范围内，毒物浓度与发光强度成负相关线性关系，可使用生物发光光度计测定水样的相对发光强度以此来监测毒物的浓度。

国家标准（GB/T 15441—1995）中，以氯化汞作为参比毒物以此来证明废水或可溶性化学物质的毒性，也可用半数有效浓度（EC50），即发光强度为最大发光强度一半时的废水浓度或可溶性化学物质的浓度来证明；选用明亮发光杆菌 T3 亚种（Photobacterium phosphoreum T3spp）作为发光细菌。因该菌是一种海洋细菌，故水样和参比毒物溶液应含有一定浓度的氯化钠。

目前，常采用新鲜发光细菌培养法和冷冻干燥发光菌粉制剂法。

（2）测定要点。

①试验材料的准备：专用生物毒性测试仪，发光细菌琼脂培养液、液体培养基，0.02～0.24mg/L 系列 HgCl2 标准溶液，新鲜明亮发光杆菌 T3 亚种或明亮发光杆菌冻干粉，化学毒物或综合废水等。

②新鲜发光细菌悬液的制备：从明亮发光杆菌的菌种管斜面中挑取一环细菌接种于新的发光细菌琼脂斜面上，待斜面长满菌苔并明显发光时加入适量稀释液并制成菌悬液；取 0.1mL 菌悬液接种于 50mL 液体培养基中，在 22℃摇床振荡培养至对数生长中期（12～14h），用稀释液将菌悬液稀释成 5×107 个（细胞）/【mL（菌悬液）】，置于 4℃下保存备用。

③样品测定：将过滤去除颗粒物杂质的待测水样加入占水样质量 3% 的 NaCl，然后依次加入稀释液和待测水样，恒温（20±0.5）℃后加入等量发光细菌悬液，依次测其发光强度。

④测试结果分析：根据测得的待测水样的发光强度计算其相对折光率，计算公式为：

相对折光率（%）=（对照光强度-样品光强度）/对照光强度 ×100

式中：对照光强度——水样中废水浓度为 0 的 1 号测试管中测得的发光强度。

EC50：在双对数坐标纸上，以水样浓度为横坐标，以相对折光率为纵坐标作图，由图求得水样的 EC50，确定水样的生物毒性。

3. 致突变和致癌物检测

致突变和致癌物也称诱变剂，其检测方法有微核测定法、艾姆斯（Ames）试验法、染色体畸变试验法等。

微核测定法原理基于：生物细胞中的染色体在复制过程中常会发生一些断裂，在正常情况下，这些断裂绝大多数能自行愈合，但如果受到外界诱变剂的作用，就会产生一些游离染色体断片，形成包膜，变成大小不等的小球体（微核），其数量与外界诱变剂强度成正比，可用于评价环境污染水平和对生物的危害程度。该方法所用生物材料可以是植物或动物组织或细胞。植物广泛应用紫露草和蚕豆根尖。紫露草以其花粉母细胞在减数分裂过程中的染色体作为诱变剂的攻击目标，把四分体中形成的微核数作为染色体受到损伤的指标，评价受危害程度。蚕豆根尖细胞的染色体较大，DNA含量较多，对诱变剂反应敏感。

Ames试验是利用鼠伤寒沙门氏菌（Salmonella typhimurium）的组氨酸营养缺陷型菌株发生回复突变的性能来检测被检物是否具有致突变性。这种菌株均含有控制组氨酸合成的基因，在不含组氨酸的培养基中不能生长，但如果存在致突变物时，便作用于菌株的DNA，使其特定部位发生基因突变而回复突变为野生型菌株，能在无组氨酸的培养基中生长。考虑到许多物质是在体内经代谢活化后才显示出致突变性的，Ames等人采用了在体外加入哺乳动物肝微粒体酶系统（简称S-9混合液）使被检物活化的方法，提高了试验的可靠性。

染色体畸变试验是依据生物细胞在诱变剂的作用下，其染色体数目和结构发生变化，如染色单体断裂、染色单体互换等，以此检测诱变剂及其强度。

（四）叶绿素a的测定

叶绿素是植物光合作用的重要光合色素，常见的有叶绿素a、b、c、d四种类型，其中叶绿素a是一种能将光合作用的光能传递给化学反应系统的唯一色素，叶绿素b、c、d等吸收的光能均是通过叶绿素a传递给化学反应系统的。通过测定叶绿素a，可掌握水体的初级生产力，了解河流、湖泊和海洋中浮游植物的现存量。试验表明，当叶绿素a质量浓度升至$10mg/m^3$以上并有迅速增加的趋势时，就可以预测水体即将发生富营养化。因此，可将叶绿素a含量作为评价水体富营养化并预测其发展趋势的指标之一。

叶绿素a的测定方法有高效液相色谱法、分光光度法和荧光光谱法。高效液相色谱法精确度高，但操作步骤烦琐。目前最常用的是分光光度法和荧光光谱法。

1. 分光光度法测定叶绿素a

（1）基本原理。

叶绿素a的最大吸收峰位于663nm，在一定浓度范围内，其吸光度与其浓度符合朗伯–比尔定律，可根据吸光度–浓度之间的线性关系，计算叶绿素a的浓度。叶绿素b、叶绿素c和提取液浊度的干扰可通过分别在645nm、630nm和750nm处测得的吸光度校正。水样中的浮游植物采用过滤法富集，用有机溶剂提取其中的叶绿素。

根据所用提取液的不同，叶绿素a的分光光度法测定可分为丙酮法、甲醇法和乙醇法等。我国一直沿用丙酮法。但近年来国际上从萃取效果和安全保障等方面考虑，已逐渐改用乙醇法。

（2）测定方法及要点。

①丙酮法：该方法适合于藻类繁殖比较旺盛的水样和表面附着的藻类。

a. 样品的制备及叶绿素的提取：离心或过滤浓缩水样，用质量分数为90%的丙酮溶液提取其中的叶绿素。

将一定量的水样用乙酸纤维滤膜过滤，将收集有浮游植物的滤膜于冰箱内低温干燥6～8h后放入组织研磨器，加入少量碳酸镁粉末及2～3mL质量分数为90%的丙酮溶液，充分研磨后提取叶绿素a，离心，取上清液。重复提取1～2次，离心所得上清液合并于容量瓶，用质量分数为90%的丙酮溶液定容（5mL或10mL）。

b. 测定：取上清液于1cm比色皿中，以质量分数为90%的丙酮溶液为参比，分别读取750nm、663nm、645nm和630nm的吸光度。

c. 计算：叶绿素a的质量浓度按如下公式计算：

$$\rho(\text{叶绿素a})(mg/m^3) = \frac{\left[11.64 \times (A_{663} - A_{750}) - 2.16 \times (A_{663} - A_{750}) + 0.10(A_{663} - A_{750})\right] \times V_1}{V\delta}$$

式中：V——水样体积，L；

A——吸光度；

V1——离心并合并后上清液定容的体积，mL；

δ——比色皿光程，cm。

②乙醇法：其测定原理与丙酮法相同，不同的是以体积分数为90%的热乙醇溶液提取样品中的叶绿素。方法要点如下：

a. 样品制备：过滤一定体积（V）的水样，将滤膜向内对折，于–20℃的冰箱中至少保存一昼夜。

b. 叶绿素提取：从冰箱中取出样品，立即加入约4mL体积分数为90%的热乙醇溶液，80℃～85℃水浴保温2min后于室温下避光萃取4～6h，玻璃纤维滤膜过滤，收集滤液并定容至10mL（V1）。

c. 测定：以体积分数为90%的热乙醇溶液为参比，分别测定样品在665nm和750nm的吸光度A665和A750，然后在样品中加入1mol/L的盐酸酸化，混匀，1min后重新测定前面两个波长处的吸光度A'665和A750。

d. 计算：样品中的叶绿素 a 质量浓度按下式进行计算：

$$\rho（叶绿素 a）（mg/m^3）= 27.9V1 \times（（A665–A750）–（A'665–A'750））/V$$

2. 荧光光谱法测定叶绿素 a

方法原理：当丙酮提取液用 436nm 的紫外线照射时，叶绿素 a 可发射 670nm 的荧光，在一定浓度范围内，发射荧光的强度与其浓度成正比，因此，可通过测定样品丙酮提取液在 436nm 紫外线照射时产生的荧光强度，定量测定叶绿素 a 的含量。

该方法灵敏度比分光光度法高约两个数量级，适合于藻类比较少的贫营养化湖泊或外海中叶绿素 a 的测定。但是分析过程中易受其他色素或色素衍生物的干扰，并且不利于野外快速测定。

（五）微囊藻毒素的测定

1. 微囊藻毒素的毒性和结构

水体中产毒藻类主要为蓝藻，如微囊藻、鱼腥藻和束丝藻等，其中微囊藻可产生肝毒素，导致腹泻、呕吐、以及肝肾等器官的损坏，并有促瘤致癌作用；鱼腥藻和束丝藻可产生神经毒素，损害神经系统，引起惊厥、口舌麻木、呼吸困难，甚至呼吸衰竭等症状。微囊藻毒素（microcystin，简称 MC）是蓝藻产生的一类天然毒素，是富营养化淡水水体中最常见的藻类毒素，也是毒性较大、危害最严重的一种。目前已发现的微囊藻毒素有 70 多种，其中微囊藻毒素 –LR 是最常见、毒性最大的一种。

世界卫生组织（WHO）在《饮用水水质标准》（第二版）中规定，微囊藻毒素 –LR 在生活饮用水中的限值为 $1\mu g/L$。我国现行的《生活饮用水卫生标准》（GB 5749—2006）和《地表水环境质量标准》（GB 3838—2002）中均规定微囊藻毒素 –LR 的限值为 0.001mg/L。

2. 微囊藻毒素的检测方法

目前常用的微囊藻毒素的检测方法有生物（生物化学）测试法和物理化学检测法两类，其不同点在于检测原理、样品预处理的复杂程度，以及检测结果的表达形式。我国在《水中微囊藻毒素的测定》（GB/T 20466—2006）中规定采用高效液相色谱（HPLC）法和间接竞争酶联免疫吸附法测定饮用水、湖泊水、河水及地表水中的微囊藻毒素。《生活饮用水标准检验方法有机物指标》（GB/T 5750.8—2006）中也规定采用高效液相色谱法测定生活饮用水及其水源水中的微囊藻毒素。以下介绍高效液相色谱法：

（1）原理。

水样中的微囊藻毒素经反相硅胶柱萃取（固相萃取）富集后，其各种异构体在液相色谱仪中分离，微囊藻毒素对波长为238nm的紫外线有特征吸收峰，经紫外检测器检测，得到样品中不同的微囊藻毒素异构体的色谱峰和保留时间，与微囊藻毒素标准样品的保留时间比较可确定样品中微囊藻毒素的组成，依据峰面积可计算水样中微囊藻毒素的含量。

藻细胞中的微囊藻毒素经冻融、反相硅胶柱萃取浓缩后，可用高效液相色谱法测定。

（2）测定要点。

①水样的采集与制备：采集1～5L水样，0.45μm滤膜减压过滤，滤液（水样）和藻细胞（膜样）分别进行不同的预处理。

a.水样处理（测水样中的微囊藻毒素）：滤液→过5g ODS柱→依次用50mL去离子水、50mL体积分数为20％的甲醇淋洗杂质→50mL体积分数为80％的甲醇洗脱→洗脱液在水浴中用氮气流挥发至干燥，残渣溶于10mL体积分数为20％的甲醇→过C18固相萃取小柱→10mL体积分数为100％的甲醇洗脱→洗脱液在水浴中用氮气流挥发至干燥，残渣溶于1mL色谱纯甲醇→−20℃保存，待测。

b.膜样处理（测藻细胞中的微囊藻毒素）：藻细胞（滤膜）→冻融三次→100mL质量分数为5％的乙酸萃取30min→以4 000r/min离心10min，重复三次，合并上清液→上清液过500mg ODS柱→15mL体积分数为100％的甲醇洗脱→洗脱液在水浴中用氮气流挥发至干燥，残渣溶于10mL体积分数为20％的甲醇→过C18固相萃取小柱→10mL体积分数为100％的甲醇洗脱→洗脱液在水浴中用氮气流挥发至干燥，残渣溶于1mL色谱纯甲醇→20℃保存，待测。

②测定。

a.色谱条件：高效液相色谱仪（配紫外或二极管阵列检测器），色谱柱（C18反相柱，长250mm，内径4.6mm，填料粒径5μm），柱温（40℃），流动相（甲醇与pH=3的磷酸盐缓冲溶液的体积比为57∶43，流量为1mL/min）。

b.样品测定：准确取一定体积的待测样品和标准样品，同样条件下进行测定，记录其保留时间和峰面积，并按下式计算样品中微囊藻毒素的含量。标准样品谱图见图4–2。

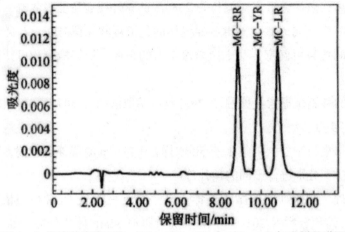

图 4‑2 微囊藻毒素 MC‑RR、MC‑YR 和 MC‑LR 标准样品谱图

$$\rho = \frac{\rho_s \cdot A \cdot V_1}{A_s \cdot V_2}$$

式中： ρ ——水样中微囊藻毒素的质量浓度，μg/L；

ρ_s ——标准样品中微囊藻毒素的质量浓度，μg/L；

A——待测样品峰面积；

As——标准样品峰面积；

V1——待测样品的体积，mL；

V2——水样的体积，mL。

也可配制不同浓度的 MC–RR、MC–YR 和 MC–LR 标准溶液，在同样条件下测得各浓度标准样品和待测样品的峰面积，以峰面积为纵坐标，浓度为横坐标，绘制标准曲线并在标准曲线上查出水样中微囊藻毒素的浓度。

（六）细菌学检验法

细菌能在各种不同的自然环境中生长。地表水、地下水，甚至雨水和雪水都含有多种细菌。当水体受到人畜粪便、生活污水或某些工农业废水污染时，细菌数量大量增加。因此，水的细菌学检验，特别是肠道细菌的检验，在卫生学上具有重要的意义。但是，直接检验水中各种病原菌方法较复杂，有的难度大，且结果也不能保证绝对安全。所以，在实际工作中，经常以检验细菌总数，特别是检验作为粪便污染的指示细菌，如总大肠菌群、粪大肠菌群、粪链球菌、肠道病毒等，来间接判断水的卫生质量。

1. 水样采集

采集细菌学检验用水样，必须严格按照无菌操作要求进行；防止在运输过程中被污染，应迅速进行检验。一般从采样到检验不宜超过 2h，在 10℃以下冷藏保存不得超过 6h。

采集江、河、湖、库等水样，可将采样瓶沉入水面下 10 ~ 15cm 处，瓶口朝水流上游方向，使水样灌入瓶内。需要采集一定深度的水样时，用采水器采集。采集自来水样，首先用酒精灯灼烧水龙头灭菌或用体积分数为 70% 的酒精消毒，然后放水 3min，再采集约为采样瓶容积的 80% 左右的水量。

2. 细菌总数的测定

细菌总数是指 1mL 水样在营养琼脂培养基中，于 37℃经 24h 培养后，所生长的细菌菌落（CFU）的总数，它是判断饮用水、水源水、地表水等污染程度的标志。我国《生活饮用水卫生标准》（GB 5749–2006）中规定，每毫升生活饮用水中细菌总数不得超过 100 个。其主要测定流程如下：

（1）对所用器皿、培养基等按照方法要求进行灭菌。

（2）以无菌操作方法用 1mL 灭菌吸管吸取混合均匀的水样（或稀释水样）注入灭菌平皿中，倾注约 15mL 已熔化并冷却到 45℃左右的营养琼脂培养基，并旋摇平皿使其混合均匀。每个水样应取两份，还应另用一个平皿只倾注营养琼脂培养基作空白对照。待营养琼脂培养基冷却凝固后，翻转平皿，置于 37℃恒温箱内培养 24h，然后进行菌落计数。

（3）用肉眼或借助放大镜观察，对平皿中的菌落进行计数，求出 1mL 水样中的平均菌落数。报告菌落计数时，若菌落数在 100 以内，按实测数字报告；若大于 100，采用两位有效数字，用 10 的指数来表示。例如菌落数为 37 750 个 /mL，记作 3.8×10^4 个 /mL。

3. 总大肠菌群的测定

粪便中存在大量的大肠菌群细菌，其在水体中存活时间和对氯的抵抗力等与肠道致病菌（如沙门氏菌、志贺氏菌等）相似，因此，将总大肠菌群作为粪便污染的指示细菌是合适的。但在某些水质条件下，大肠菌群细菌在水中能自行繁殖。

总大肠菌群是指那些能在 35℃、48h 内使乳糖发酵产酸、产气、需氧及兼性厌氧的、革兰氏阴性的无芽孢杆菌，以每升水样中所含有的大肠菌群的数目表示。其测定方法有多管发酵法和滤膜法。多管发酵法适用于各种水样（包括底质），但操作较繁琐，耗时较长。滤膜法操作简便、快速，但不适用于浑浊水样。

4. 其他粪便污染指示细菌的测定

粪大肠菌群是总大肠菌群的一部分，是指存在于温血动物肠道内的大肠菌群细菌，与测定总大肠菌群不同之处在于将培养温度提高到 44.5℃，在该温度下仍能生长并使乳糖发酵产酸、产气的为粪大肠菌群。

沙门氏菌属是常常存在于污水中的病原微生物,也是引起水传播疾病的重要来源。由于其含量很低,测定时需先用滤膜法浓缩水样,然后进行培养后平板分离,最后进行生物化学和血清学鉴定,确定一定体积水样中是否存在沙门氏菌。

链球菌(通称粪链球菌)也是粪便污染的指示细菌。这种菌进入水体后,在水中不再自行繁殖,这是它作为粪便污染指示细菌的优点。此外,由于人粪便中粪大肠菌群多于粪链球菌,而动物粪便中粪链球菌多于粪大肠菌群,因此,在水质检验时,根据粪大肠菌群与粪链球菌菌数的比值不同,可以推测粪便污染的来源。当该比值大于4时,则认为污染主要来自人粪;若该比值小于或等于0.7,则认为污染主要来自温血动物粪便;若该比值小于4而大于2,则为混合污染,但以人粪为主;若该比值小于或等于2,而大于或等于1,则难以判定污染来源。粪链球菌数的测定也采用多管发酵法或滤膜法。

第二节　空气污染生物监测

空气中污染物多种多样,有些可以利用指示植物或指示动物监测。由于动物的管理比较困难,目前尚未形成一套完整的监测方法。而植物分布范围广、容易管理,有不少植物品种对不同空气污染物反应很敏感,且在污染物达到人和动物受害浓度之前就能显示受害症状。空气污染还会对植物种群、群落的组成和分布产生影响,并能被植物吸收后积累在体内。利用上述种种反应和变化监测空气污染,已较广泛地用于实践中。当然,这种方法也有其固有的局限性。例如植物对污染因子的敏感性随生活在污染环境中时间的增长而降低、同时出现专一性差、定量困难、费时等问题。

一、利用植物监测

(一)指示植物及其受害症状

指示植物是指受到污染物的作用后能较敏感和快速地产生明显反应的植物,可以选择草本植物、木本植物或者地衣、苔藓等。空气污染物一般通过叶面上的气孔或孔隙进入植物体内,侵袭细胞组织,并发生一系列生化反应,从而使植物组织遭受破坏,呈现受害症状。这些症状虽然随污染物的种类、浓度,以及植物的品种、暴露时间不同而有差异,但仍具有某些共同特点,如叶绿素被破坏、细胞组织脱水,叶面失去光泽,出现不同颜色(黄色、褐色或灰白色)的斑点,叶片脱落,甚至全株枯死等异常现象。

1.SO₂ 指示植物及其受害症状

对 SO₂ 敏感的指示植物较多，如紫花苜蓿、一年生早熟禾、芥菜、堇菜、百日草、大麦、荞麦、棉花、南瓜、白杨、白蜡树、白桦树、加拿大短叶松、挪威云杉及苔藓、地衣等。

植物受 SO₂ 伤害后，初期典型症状为失去原有光泽，出现暗绿色水渍状斑点，叶面微微有水渗出并起皱。随着时间的推移，出现的绿斑变为灰绿色，逐渐失水干枯，有明显坏死斑出现等症状；坏死斑有深有浅，但以浅色为主。阔叶植物急性中毒症状是叶脉间有不规则的坏死斑，伤害严重时，点斑发展成为条状、块斑，坏死组织和健康组织之间有一失绿过渡带。单子叶植物在平行叶脉之间出现斑点状或条状坏死区。针叶植物受伤害后，首先从针叶尖端的开始，逐渐向下发展，呈现红棕色或褐色。

硫酸雾危害症状为叶片边缘光滑，受害轻时，叶面上呈现分散的浅黄色透光斑点；受害严重时则成空洞，这是由于硫酸雾以细雾滴附着于叶片上所致。

2. 氮氧化物的指示植物及其受害症状

对 NO₂ 较敏感的植物有烟草、番茄、秋海棠、向日葵、菠菜等。

NOx 对植物构成危害的浓度要大于 SO₂ 等污染物。一般很少出现 NOx 浓度达到能直接伤害植物的程度，但它往往与 O₃ 或 SO₂ 混合在一起呈现出危害症状，首先在叶片上出现密集的深绿色水浸蚀斑痕，随后这种斑痕逐渐变成淡黄色或青铜色。损伤部位主要出现在较大的叶脉之间，但也会沿叶缘发展。

3. 氟化氢的指示植物及其受害症状

常见氟化氢污染的指示植物有唐菖蒲、郁金香、葡萄、玉簪、金线草、金丝桃树、杏树、雪松、云杉、慈竹、池柏、南洋楹等。

一般植物对氟化物气体很敏感，其危害特点是先在植物的特定部位出现伤斑，例如，单子叶植物和针叶植物的叶尖、双子叶植物和阔叶植物的叶缘等。开始这些部位发生萎黄，然后颜色转深形成棕色斑块，在发生萎黄组织与正常组织之间有一条明显的分界线，随着损伤程度的加重，斑块向叶片中部及靠近叶柄部分发展，最后叶片大部分枯黄，仅主叶脉下部及叶柄附近仍保持绿色。此外，氟化物进入植物叶片后不容易转移到植物的其他部位，在叶片中积累，因此，通过测定植物叶片中氟的含量便可以证明空气中氟污染的程度。

4. 光化学氧化剂的指示植物及受害症状

O₃ 的指示植物有矮牵牛花、菜豆、洋葱、烟草、菠菜、马铃薯、葡萄、黄瓜、松树、美国白蜡树等。

植物受到 O₃ 伤害后，初始症状是叶面上出现分布较均匀、细密的点状斑，呈棕色或褐色；随着时间的延长逐渐褪色，变成黄褐色或灰白色，并连成一片，变成大片的块斑。针叶植物对 O_3 反应是叶尖变红，然后变为褐色，最后褪为灰色，针叶面上有杂色斑。

过氧乙酰硝酸酯（PAN）的指示植物有长叶莴苣、瑞士甜菜及一年生早熟禾等，它们的叶片对 PAN 敏感，但对 O_3 却表现出相当强的抗性。

PAN 伤害植物的早期症状是在叶背面上出现水渍状斑或亮斑，继而气孔附近的海绵组织细胞被破坏并被气窝取代，结果呈现银灰色、褐色。受害部分还会出现许多"伤带"。

5. 持久性有机污染物（POPs）的指示植物及受害症状

对 POPs 敏感的植物有地衣、苔藓，以及某些植物的叶等。

空气中的 POPs 从污染源排放到积累于地衣中至少需要 2～3 年的时间，因此，利用不同时间采集的地衣进行空气污染的时间分辨监测时，其分辨率在 3 年左右。利用不同地区地衣中 POPs 分布模式间的差异可进行污染源的追踪。苔藓没有真正的根、茎、叶的分化，不具有维管组织，仅靠茎叶体从周围空气中吸收养料，故苔藓能指示空气 POPs 的污染状况，而不受土壤条件差异的影响。研究表明树叶中 POPs 的含量与空气 POPs 的含量成线性相关。其中，松柏类针叶由于表面积大、脂含量高、气孔下陷、生活周期长，对 POPs 的吸附容量大，在空气 POPs 污染监测中的应用最广，所涉及的化合物包括 PAHs、PCBs、OCPs、PCDD/Fs 等。

（二）监测方法

1. 栽培指示植物监测法

如果监测区域生长着被测污染物的指示植物，可通过观察记录其受害症状特征来评价空气污染状况；但这种方法局限性较大，而盆栽或地栽指示植物的方法比较灵活，利于保证其敏感性。该方法是先将指示植物在没有污染的环境中盆栽或地栽培植，待生长到适宜大小时，移至监测点，观察它们的受害症状和程度。例如用唐菖蒲监测空气中的氟化物，先在非污染区将其球茎栽培在直径 20cm、高 10cm 的花盆中，待长出 3～4 片叶后，移至污染区，放在污染源的主导风向下风向侧不同距离（如 5m、50m、300m、500m、1150m、1350m）处，定期观察受害情况。几天之后，如发现部分监测点上的唐菖蒲叶片尖端和边缘产生淡棕黄色片状伤斑，且伤斑部位与正常组织之间有一明显界线，则说明这些监测点所在地已受到严重污染。以及根据预先试验获得的氟化物浓度与伤害程度的关系，即可估计出空气中氟化物的浓度。如果一周后，除最远的监测点外，都发现了唐菖蒲不同程度的受害症状，说明该地区的污染范围至少达 1 150m。

研究发现，花叶莴苣较黄瓜对二氧化硫敏感，以及在同等二氧化硫浓度条件下，黄瓜出现初始受害症状的时间大约是花叶莴苣的4倍。吉林通化园艺研究所用花叶莴苣作为指示植物定点栽培指示二氧化硫，以此来预防黄瓜苗期受害。

也可以使用图4-3所示植物监测器测定空气污染状况。该监测器由A、B两室组成，A室为测量室，B室为对照室。将同样大小的指示植物分别放入两室，用气泵将污染空气以相同流量分别打入A、B室的导管，并在通往B室的管路中串接一活性炭净化器，以获得净化空气。经过一定时间后，即可根据A室内指示出植物出现的受害症状和预先确定的与污染物浓度的相关关系估算空气中污染物的浓度。

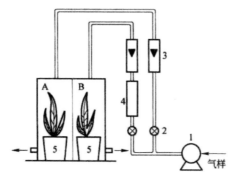

1.气泵；2.针形阀；3.流量计；4.活性炭净化器；5.指示植物
图4-3 植物监测器

2.植物群落监测法

该方法是利用监测区域植物群落受到污染后，利用各种植物的反应来评价空气污染状况。进行该工作前，先需要通过调查和试验，确定群落中不同种植物对污染物的抗性等级，将其分为敏感、抗性中等和抗性强三类。如果敏感植物叶部出现受害症状，表明空气已受到轻度污染；如果抗性中等植物出现部分受害症状，则表明空气已受到中度污染；当抗性中等植物出现明显受害症状，有些抗性强的植物也出现部分受害症状时，则表明空气已受到严重污染。同时，根据植物呈现受害症状的特征、程度和受害面积比例等判断主要污染物和污染程度。

对 SO_2 污染抗性强的一些植物如枸树、马齿苋等也受到伤害，说明该厂附近的空气已受到严重污染。

地衣和苔藓是低等植物，分布广泛，其中某些种群对污染物如 SO_2、HF 等反应敏感。通过调查树干上的地衣和苔藓的种类、数量和生长发育状况后，就可以估计空气污染程度。在工业城市中，通常距污染中心越近，地衣的种类越少，重污染区内一般仅有少数壳状地衣分布，随着污染程度的减轻，出现枝状地衣；在轻污染区，叶状地衣数量最多。

3. 其他监测法

剖析树木的年轮，可以了解所在地区空气污染的历史。在气候正常、未遭受污染的年份树木的年轮宽，而空气污染严重或气候条件恶劣的年份树木的年轮窄。还可以用 X 射线法对年轮材质进行测定，判断其污染情况，污染严重的年份年轮木质比例小，正常年份的年轮木质比例大，它们对 X 射线的吸收程度不同。

空气污染可以导致指示植物一些生理生化指标的变化，如光合作用、叶绿素、体内酶的活性、细胞染色体等指标的变化，故通过测定这些指标可评估空气污染状况。

通过测定植物体内吸收积累的一些污染物含量，也可以评价空气污染物的种类和污染水平。

二、利用动物监测

利用动物监测空气污染虽然受到客观条件的限制而应用不多，但也有不少学者进行了相关研究。例如，人们很早就用金丝雀、金翅雀、老鼠、鸡等动物的异常反应（不安、死亡）来探测矿井内的瓦斯毒气。美国多诺拉事件调查表明，金丝雀对 SO_2 最敏感，其次是狗，再次是家禽；日本学者利用鸟类与昆虫的分布来反映空气质量的变化；保加利亚一些矿区用蜜蜂监测空气中金属污染物的浓度等。

在一个区域内，利用动物种群数量的变化，特别是对污染物敏感动物种群数量的变化，也可以监测该区域空气污染状况。如一些大型哺乳动物、鸟类、昆虫等的迁移，以及不易直接接触污染物的潜叶性昆虫、虫瘿昆虫、体表有蜡质的蚧类等数量的增加，则说明该地区空气污染严重。

三、利用微生物监测

空气不是微生物生长繁殖的天然环境，故没有固定的微生物种群，它主要通过土壤尘埃、水滴、人和动物体表的干燥脱落物、呼吸道的排泄物等方式带入空气中。空气中微生物区系组成及数量变化与空气污染有密切关系，可用于监测空气质量。例如，有学者对沈阳市空气中微生物区系分布与环境质量关系研究表明，空气中微生物的数量随着人群和车辆流动的增加而增多，繁华的中街微生物数量最多，其次是交通路口、居民小区，郊区东陵公园和农村空气中微生物数量最少。

室内空气中的致病微生物是危害人体健康的主要因素之一，特别是在温度高、灰尘多、通风不良、日光不足的情况下，生存时间较长，致病的可能性也较大，一般在室内空气卫生标准中都规定微生物最高限值指标。

因为直接测定病原微生物有一定困难，故一般推荐细菌总数和链球菌总数作为室内空气细菌学的评价指标。

第三节　土壤污染生物监测

土壤中常见的污染物有重金属（镉、铜、锌、铅）、石油类、农药和病原微生物等。土壤受到污染后，生活在其中的生物的活力、代谢特点、行为方式、种类组成、数量分布、体内污染物及其代谢产物的含量等均会受到影响。因此，根据土壤中生物的这些特征变化可以监测土壤的污染程度。

一、土壤污染的植物监测

土壤受到污染后，植物对污染物产生的反应主要表现为：叶片上出现伤斑；生理代谢异常，如蒸腾速率降低、呼吸作用加强、则生长发育受阻；植物化学成分改变等。所以植物的根、茎、叶均可出现受害症状，如铜、镍、钴会抑制新根伸长，从而形成像狮子尾巴一样的形状；无机农药常使作物叶柄或叶片出现烧伤的斑点或条纹，使幼嫩组织出现褐色焦斑或破坏；有机农药严重伤害时，叶片相继变黄或脱落，开花少，延期结出果实，果实变小或子粒不饱满等。因此，通过对指示植物的观测可确定土壤污染类型及程度。

土壤监测的指示植物有：小大蕨等可指示铜污染；细小糠穗、狐茅、紫狐茅、黄花草、酸模、长叶车前，以及多种紫云英、紫堇、遏蓝菜等可指示锌污染；地衣等可指示砷污染；酸性土壤质量指示植物，如芒箕骨、映日红、铺地蜈蚣等可指示酸性土壤；蜈蚣草、柏木等可指示石灰性土壤；碱蓬、剪刀股等可指示碱性土壤。

二、土壤污染的动物监测

土壤中的原生动物、线形动物、软体动物、环节动物、节肢动物等是土壤生态系统的有机组成部分，具有数量大、种类多、移动范围小和对环境污染或变化反应敏感等特点。研究表明，在重金属污染的土壤中，动物种类、数量随环境污染程度的增加而逐渐减少，并且与重金属的浓度具有显著的负相关关系，因而，通过对污染区土壤动物群落结构、生态分布和污染指示动物的系统研究，即可监测土壤污染的程度，为土壤质量评价提供重要依据。如蚯蚓、原生动物、土壤线虫、土壤甲螨等均可作为指示动物监测土壤污染。

蚯蚓是土壤中生物量最大的动物类群之一，在维持土壤生态系统功能中起着不可替代的作用。在污染土壤中，一些敏感的蚯蚓种群消失，而能够耐受污染物的种群保留下来，导致蚯蚓在种群密度和群落结构上发生明显的变化。研究表明，蚯蚓体内镉的浓度与土壤中镉的浓度具有显著的相关性，对农药、铅等污染物也有较高的敏感性，因此，蚯蚓通常被视为土壤动物区系的代表类群而被用于指示、监测土壤污染。监测方法如下：①通过调查污染区土壤中蚯蚓种群的数量和群落结构反映土壤污染情况，根据调查结果获得总丰度、种类丰度、多样性指数等参数，根据这些参数评价土壤的污染程度；②通过毒性和繁殖试验研究污染物对某单一种类的蚯蚓造成的伤害，对污染物进行生态毒理风险评价；③利用蚯蚓的分子生物学、生物化学特征和生理反应（生物标志物）监测土壤污染。

所以土壤原生动物生活在土表凋落物和土壤中，环境的变化会导致原生动物群落组成和结构迅速变化，例如：在铅锌矿采矿废物污染土壤中，原生动物群落物种多样性显著下降，导致群落中大量不耐污种类消失，因此，土壤原生动物可作为土壤污染的指示动物。

线虫是土壤中最为丰富的无脊椎动物，在土壤生态系统腐屑食物网中占有重要地位。它具有形态的特殊性，食物的专一性，分离鉴定相对简单，以及对环境的各种变化，包括污染的胁迫效应能作出比较迅速的反应等特点，因此可将线虫作为土壤污染效应研究的生物指标。某些线虫体内的热激蛋白对污染胁迫具有表达能力，因此可将线虫的热激蛋白作为生物标志物进行土壤污染的生态毒理评价。

甲螨是蜱螨类中的优势类群，在土壤中数量多、密度大、极易采得。甲螨口器发达，食量大，通过摄食和移动，可广泛接触土壤中的有害物质。以此当土壤环境发生变化时，它们的种类和数量会发生变化，所以可以利用甲螨类监测土壤污染。如当全大翼甲螨显著增多、单翼甲螨显著减少时，常表明土壤中有汞、镉的污染；在小奥甲螨和单翼甲螨均增多时，表明土壤中有铜的污染；而若全大翼甲螨和小奥甲螨同时增多、单翼甲螨却又显著减少时，表明土壤中有有机氯的污染。

三、土壤污染的微生物监测

土壤是自然界中微生物生活最适宜的环境，它具有微生物所需要的一切营养物质，以及微生物进行繁殖、维持生命活动所必需的各种条件。而且目前已发现的微生物都可以从土壤中分离出来，因此土壤被称为"微生物的大本营"。

土壤受到污染后，其中的微生物群落结构及其功能就会发生改变。通过测定污染物进入土壤前后的微生物种类、数量、生长状况，以及生理生化变化等特征，就可以监测土壤受污染的程度。

1. 土壤中的大肠菌群

粪便中的大肠菌群进入土壤中，随时间的推移会逐渐消亡，其存活时间由数日到数月。因此，根据土壤中大肠菌群的细菌数量评价土壤受病原微生物污染的程度。一般大肠菌群超过 1.0CFU/g 可认为土壤受到污染。

2. 土壤中的真菌和放线菌

对于难降解的天然有机物，如纤维素、木质素、果胶质，真菌和放线菌具有较强的利用能力，另外真菌适合在酸性条件下生存。因此，可以根据土壤中真菌和放线菌的数量变化，从而判断土壤有机物的组成和 pH 的变化。

3. 土壤中的腐生菌

有机物进入土壤后，其中的腐生菌繁殖加快、数量增加，故可以利用土壤中腐生菌的数量来评价土壤有机污染的状况。土壤中的有机物由于微生物的分解、氧化作用而减少，使土壤净化，在此过程中微生物群落发生有规律的演替。首先非芽孢菌占优势，继而芽孢菌繁殖加快。在净化过程中，非芽孢菌和芽孢菌的比例逐渐增大到最大值，继而逐渐下降，直至恢复到污染前的水平。因此，土壤中非芽孢菌和芽孢菌的比例变化可以表征土壤有无污染及其净化的过程。

4. 土壤中的嗜热菌

人类粪便中大肠菌群的细菌数量很多，而嗜热菌很少；但是牲畜粪便中两者都很多，牲畜粪便中大肠菌群为 0.1×10^4CFU/g，嗜热菌为 4.5×10^6CFU/g。因此，嗜热菌可以作为表征土壤牲畜粪便污染的指标。若嗜热菌超过 $10^3 \sim 10^5$CFU/g，则土壤被视为牲畜粪便污染，超过 10^5CFU/g 即可确定为重污染。

第四节　生物污染监测

当空气、水体、土壤受到污染后，生活在这些环境中的生物在摄取营养物质和水分的同时也摄入了污染物质，并在体内迁移、积累、转化和产生毒害作用。生物污染监测就是应用各种检测手段测定生物体内的有害物质，及时掌握被污染的程度，以便采取措施，改善生物生存环境，保证生物食品的安全。

在我国的环境监测技术路线中规定：空气环境生物监测主要是对二氧化硫开展植物监测，监测指标为叶片中硫含量。测试植物选择当地分布较广、对 SO_2 具有较强吸附与积累能力的植物。

一、生物对污染物的吸收及在体内分布

污染物进入生物体内的途径主要有表面黏附（附着）、生物吸收和生物积累三种形式，但由于生物体各部位的结构与代谢活性不同，所以进入生物体内的污染物分布也不均匀，因此，掌握污染物质进入生物体的途径和迁移以及在各部位的分布规律，对正确采集样品、选择测定方法和获得正确的测定结果是十分重要的。

（一）植物对污染物的吸收及在体内分布

空气中的气态和颗粒态的污染物主要通过黏附、叶片气孔或茎部皮孔侵入方式进入植物体内。例如，植物表面对空气中农药、粉尘的黏附，其黏附量与植物的表面积大小、表面性质及污染物的性质、状态有关。表面积大、表面粗糙、有绒毛的植物比表面积小、表面光滑的植物黏附量大；黏度大、乳剂比黏度小、粉剂黏附量大。脂溶性或内吸传导性农药，可渗入作物表面的蜡质层或组织内部，进而被吸收、输导分布到植株汁液中。这些农药在外界条件和体内酶的作用下逐渐降解、消失，但稳定的农药直到作物收获时往往还有一定的残留量。试验结果表明，作物体内残留农药量的减少量通常与施药后的间隔时间成指数函数关系。

气态污染物如氟化物，主要通过植物叶面上的气孔进入叶肉组织，首先溶解在细胞壁的水分中，一部分被叶肉细胞吸收，大部分则沿纤维管束组织运输，在叶尖和叶缘中积累，使叶尖和叶缘组织坏死。

土壤或水体中的污染物主要通过植物的根系吸收进入植物体内，其吸收量与污染物的含量、土壤类型及植物品种等因素有关。若污染物含量高，植物吸收的就多；例如：在沙质土壤中的吸收率比在其他土质中的吸收率要高；块根类作物比茎叶类作物吸收率高；水生作物的吸收率比陆生作物高。

污染物进入植物体后，在各部位分布和积累情况与吸收污染物的途径、植物品种、污染物的性质及其作用时间等因素有关。

从土壤和水体中吸收污染物的植物一般分布规律和残留量的顺序是：根＞茎＞叶＞穗＞壳＞种子。也有不符合上述规律的情况，如萝卜的含 Cd 量是地上部分（叶）＞直根；莴苣是根＞叶＞茎。

所以说从空气中吸收污染物的植物，一般叶部残留量最大。

植物体内污染物的残留情况也与污染区的性质及残留部位有关。例如：渗透能力强的农药残留于果肉；渗透能力弱的农药多残留于果皮。而 P，P'-DDT、敌菌丹、异狄氏剂、杀螟松等渗透能力弱，95％以上残留在果皮部位，而西维因渗透能力强，78％残留于苹果果肉中。

（二）动物对污染物的吸收及在体内分布

环境中的污染物一般通过呼吸道、消化管、皮肤等途径进入动物体内。

空气中的气态污染物、粉尘从口鼻进入气管，有的可到达肺部，其中，水溶性较大的气态污染物会在呼吸道黏膜上被溶解，极少进入肺泡；水溶性较小的气态污染物绝大部分可到达肺泡。直径小于 $5\mu m$ 的尘粒可到达肺泡，而直径大于 $10\mu m$ 的尘粒大部分被黏附在呼吸道和气管的黏膜上。

水和土壤中的污染物主要通过饮用水和食物摄入，经消化管被吸收。由呼吸道吸入并沉积在呼吸道表面的有害物质，也可以从咽部进入消化管，再被吸收进入体内。

皮肤是保护肌体的有效屏障，但具有脂溶性的物质，如四乙基铅、有机汞化合物、有机锡化合物等可以通过皮肤吸收后进入动物肌体。

动物吸收污染物后，主要通过血液和淋巴系统传输到全身，产生危害。按照污染物性质和进入动物组织类型的不同，大致有以下五种分布规律：

（1）能溶解于体液的物质，如钠、钾、锂、氟、氯、溴等离子，在体内分布比较均匀。

（2）镧、锑、钍等三价和四价阳离子，水解后生成胶体，主要积累于肝或其他网状内皮系统。

（3）与骨骼亲和性较强的物质，如铅、钙、钡、锶、镭、铍等二价阳离子，在骨骼中含量较高。

（4）对某一种器官具有特殊亲和性的物质，则在该种器官中积累较多。如碘对甲状腺，汞、铀对肾有特殊的亲和性。

（5）脂溶性物质，如有机氯化合物（六六六、滴滴涕等），易积累于动物体内的脂肪中。

上述五种分布类型之间彼此交叉，比较复杂。一种污染物对某一种器官有特殊亲和作用，但同时也分布于其他器官。例如，铅离子除分布在骨骼中外，也分布于肝、肾中。同一种元素，由于价态和存在形态不同，在体内积累的部位也有差异。水溶性汞离子很少进入脑组织，但烷基汞不易分解，呈脂溶性，可通过脑屏障进入脑组织。

有机污染物进入动物体后，除很少一部分水溶性强、相对分子质量小的污染物可以原形排出外，绝大部分都要经过某种酶的代谢（或转化），增强其水溶性从而易于排泄。通过生物转化，多数污染物被转化为惰性物质或消除其毒性，但也有转化为毒性更强的代谢产物，例如 1605（农药）在体内被氧化成 1600，其毒性增大。

无机污染物包括金属和非金属污染物，进入动物体后，一部分参与生化代谢过程转化为化学形态和结构不同的化合物，如金属的甲基化和脱甲基化反应、络合反应等；

也有一部分直接积累于细胞各部分。

各种污染物经转化后，有的排出体外，也有少量随汗液、乳汁、唾液等分泌液排出，还有的在皮肤的新陈代谢过程中到达毛发而离开肌体。

二、生物样品的采集和制备

（一）植物样品的采集和制备

1.植物样品的采集

（1）对样品的要求：采集的植物样品要具有代表性、典型性和适时性。代表性系指采集代表一定范围污染情况的植物，这就要求对污染源的分布、污染类型、植物特征、地形地貌、灌溉出入口等因素进行综合考虑，选择合适的地段作为采样区，再在采样区内划分若干采样小区，采用适宜的方法布点，确定代表性的植物。不要采集田埂、地边及距田埂、地边 2m 以内的植物。典型性系指所采集的植物部位要能充分反映通过监测所要了解的情况。根据要求分别采集植物的不同部位，如根、茎、叶、果实，注意不能将各部位样品随意混合。适时性系指在植物不同生长发育阶段，施药、施肥前后，适时采样监测，来掌握不同时期的污染状况和对植物生长的影响。

（2）布点方法：根据现场调查和收集的资料，先选择采样区，在划分的采样小区内，常采用梅花形布点法或交叉间隔布点法确定具有代表性的植物。

（3）采样方法：在每个采样小区内的采样点上分别采集 5 ~ 10 处植物的根、茎、叶、果实等，将同部位样混合，组成一个混合样；也可以整株采集后带回实验室再按部位分开处理。采集样品量要能满足需要，一般经制备后至少有 20 ~ 50g（干物质）样品。新鲜样品可按 80% ~ 90% 的含水量计算所需样品量。若采集根系部位样品，应尽量保持根部的完整。对一般旱作物，在抖掉附在根上的泥土时，注意不要损失根毛；如采集水稻根系，在抖掉附着泥土后，应立即用清水洗净。根系样品带回实验室后，及时用清水洗（不能浸泡），再用纱布拭干。如果采集果树样品，要注意树龄、株型、生长势、载果数量和果实着生的部位及方向。如要进行新鲜样品分析，则在采集后用清洁、潮湿的纱布包住或装入塑料袋中，以免水分蒸发而萎缩。对水生植物，如浮萍、藻类等应采集全株。从污染严重的河、塘中捞取的样品，需用清水洗净，挑去水草等杂物。采集后的样品装入布袋或聚乙烯塑料袋，贴好标签，注明编号、采样地点、植物名称、分析项目，并填写采样登记表。

（4）样品的保存：样品带回实验室后，如测定新鲜样品，应立即处理和分析。对于当天不能分析完的样品，暂时放于冰箱中保存，其保存时间的长短，视污染物的性质及在生物体内的转化特点和分析测定要求而定。如果测定干样，则将鲜样放在干燥通风处晾干，或于鼓风干燥箱中烘干。

2. 植物样品的制备

（1）鲜样的制备: 测定植物内易挥发、转化或降解的污染物（如酚、氰、亚硝酸盐等）、营养成分（如维生素、氨基酸、糖、植物碱等），以及多汁的瓜、果、蔬菜样品时，应使用新鲜样品。鲜样的制备方法是：①将样品用清水、去离子水洗净，晾干或拭干；②将晾干的鲜样切碎、混匀，称取 100g 于电动高速组织捣碎机的捣碎杯中，加适量蒸馏水或去离子水，开动捣碎机捣碎 1 ~ 2min，制成匀浆，对含水量大的样品，如熟透的番茄等，捣碎时可以不加水；③对于含纤维素较多或较硬的样品，如禾本科植物的根、茎秆、叶等，可用不锈钢刀或剪刀切（剪）成小片或小块，混匀后在研钵中加石英砂研磨。

（2）干样的制备：分析植物中稳定的污染物，如某些金属元素和非金属元素、有机农药等，一般用风干样品，其制备方法是：①将洗净的植物鲜样尽快放在干燥通风处风干（茎秆样品可以劈开），如果遇到阴雨天或潮湿气候，可放在 40 ~ 60℃鼓风干燥箱中烘干，以免发霉腐烂，并减少化学和生物化学变化；②将风干或烘干的样品去除灰尘、杂物，用剪刀剪碎（或先剪碎再烘干），再用磨碎机磨碎，谷类作物的种子样品如稻谷等，应先脱壳再粉碎；③将粉碎后的样品过筛，一般要求通过 1mm 孔径筛即可，有的分析项目要求通过 0.25mm 孔径筛，制备好的样品贮存于磨口玻璃广口瓶或聚乙烯广口瓶中备用；④对于测定某些金属含量的样品，应注意避免受金属器械或筛子等污染，因此，最好用玛瑙研钵磨碎，尼龙筛过筛，聚乙烯瓶保存。

3. 分析结果表示方法

植物样品中污染物的分析结果常以干物质质量为基础表示{mg/（kg（干物质））}，方便比较各样品中某一成分含量的高低。因此，还需要测定样品的含水量，对分析结果进行换算。含水量常用重量法测定，即称取一定量鲜样或干样，于100℃ ~ 105℃烘干至恒重，由其质量减少量计算含水量。对含水量高的蔬菜、水果等，以鲜样质量表示计算结果为好。

（二）动物样品的采集和制备

动物的尿液、血液、唾液、胃液、乳液、粪便、毛发、指甲、骨骼和组织等均可作为检验样品。

1. 尿液

动物体内绝大部分毒物及其代谢产物主要由肾经膀胱、尿道随尿液排出。由于尿液收集方便，因此尿检在医学临床检验中应用广泛。尿液中的排泄物一般早晨浓度较高，可一次收集，也可以收集 8h 或 24h 的尿样，测定结果为收集时间内尿液中污染物的平均含量。

2. 血液

血液中有害物的浓度可反映近期接触污染物质的水平，并与其吸收量成正相关。传统的从静脉取血样的方法，操作较烦琐，取样量大。但随着分析技术的发展，减少了血样用量，用耳血、指血代替静脉血，给实际工作带来了方便。

3. 毛发和指甲

积累在毛发和指甲中的污染物（如砷、锰、有机汞等）残留时间较长，即使已脱离与污染物接触或停止摄入污染食物，血液和尿液中污染物含量已下降，而毛发和指甲中仍容易检出。头发中的汞、砷等含量较高，样品容易采集和保存，故在医学和环境分析中应用较广泛。人的头发样品一般采集 2 ~ 5g，男性采集枕部头发，女性原则上采集短发。采样后，用中性洗涤剂洗涤，去离子水冲洗，最后用乙醚或丙酮洗净，室温下充分晾干后保存和备用。

4. 组织和脏器

采用动物的组织和脏器作为检验样品，对调查研究环境污染物在机体内的分布、积累、毒性和环境毒理学等方面的研究都有重要意义。但是，组织和脏器的部位复杂且柔软、易破裂混合，因此取样操作要小心。

以肝为检验样品时，应剥去被膜，取右叶的前上方表面下几厘米处纤维组织丰富的部位作为样品。检验肾时，剥去被膜，分别取皮质和髓质部分作为样品，避免在皮质与髓质结合处采样。

检验个体较大的动物受污染情况时，可在躯干的各部位切取肌肉片制成混合样。

采集组织和脏器样品后，应放在组织捣碎机中捣碎、混匀，制成浆状鲜样备用。

5. 水产食品

水产品如鱼、虾、贝类等是人们常吃的食物，其中的污染物可通过食物链进入人体，对人体产生不良影响。

样品从监测区域内水产品产地或最初集中地采集。一般采集产量高、分布范围广的水产品，所采品种尽可能齐全，以较客观地反映水产食品被污染的程度。

从对人体的直接影响考虑，一般只取水产品的可食部分进行检测。对于鱼类，先按种类和大小分类，取其代表性的数量（如大鱼 3 ~ 5 条，小鱼 10 ~ 30 条），洗净后滤去水分，去除鱼鳞、鳍、内脏、皮、骨等，分别取每条鱼的厚肉制成混合样，切碎、混匀，或用组织捣碎机捣碎成糊状，立即分类或贮存于样品瓶中，置于冰箱内备用。对于虾类，将原样品用水洗净，剥去虾头、甲壳、肠腺，分别取虾肉捣碎制成混合样。对于毛虾，先拣出原样中的杂草、沙石、小鱼等异物，晾至表面水分刚尽，取整虾捣碎制成混合样。对于贝类或甲壳类，先用水冲洗去除泥沙，滤干，再剥去外壳，取可食部分制成混合样，并捣碎、混匀，制成浆状鲜样备用。对于海藻类，如将海带，选取数条洗净，沿中央筋剪开，各取其半，剪碎混匀制成混合样，按四分法分类至100～200g备用。

三、生物样品的预处理

由于生物样品中含有大量有机物（母质），且所含有害物质一般都在痕量或超痕量级范围，因此测定前必须对样品进行预处理，对欲测组分进行富集和分离，或对干扰组分进行掩蔽等，常用方法与一般样品预处理的方法相似，包括样品的分解和各种分离富集方法。

（一）消解和灰化

测定生物样品中的金属和非金属元素时，通常都要将其大量的有机物基体分解，使欲测组分转变成简单的无机化合物或单质，然后进行测定。分解有机物的方法有湿式消解法和干灰化法。

1. 湿式消解法

生物样品中含大量有机物，测定无机物或无机元素时，需用硝酸—高氯酸或硝酸—硫酸等试剂体系消解。对于脂肪和纤维素含量高的样品，如肉、面粉、稻米、秸秆等，在加热消解时易产生大量泡沫，容易造成被测组分损失，可采用先加浓硝酸，在常温下放置24h后再消解的方法，也可以用加入适宜防起泡剂的方法减少泡沫的产生，如用硝酸-硫酸消解生物样品时加入辛醇，用盐酸-高锰酸钾消解生物体液时加入硅油等。

硝酸—高氯酸消解生物样品是破坏有机物比较有效的方法，但要严格按照操作程序，防止发生爆炸。

硝酸—硫酸消解法能分解各种有机物，但对吡啶及其衍生物（如烟碱）、毒杀芬等分解不完全。样品中的卤素在消解过程中完全消失，汞、砷、硒等有一定程度的损失。

硝酸—过氧化氢消解法应用也比较普遍，有人用该方法消解生物样品测定氮、磷、钾、硼、砷、氟等元素。

高锰酸钾是一种强氧化剂，在中性、碱性和酸性条件下都可以分解有机物。测定生物样品中的汞时，用浓硫酸和浓硝酸混合液加高锰酸钾，于60℃保温分解鱼、肉样品；用含50g/L高锰酸钾的浓硝酸溶液于85℃回流分解食品和尿液；用浓硫酸加过量高锰酸钾分解尿液等，都可获得满意的效果。

测定动物组织、饲料中的汞,使用加五氧化二钒的浓硝酸和浓硫酸混合液催化氧化,其温度可达 190℃,能破坏甲基汞,使汞全部转化为无机汞。

测定生物样品中的氮沿用凯氏消解法,即在样品中加浓硫酸消解,使有机氮转化为铵盐。为提高消解温度,加快消解过程,可在消解液中加入硫酸铜、硒粉或硫酸汞等催化剂。加硫酸钾对提高消解温度也可起到较好的效果。以 $-NH_2$ 及 $=NH$ 形态存在的有机氮化合物,用浓硫酸、浓硝酸加催化剂消解的效果是好的,但杂环、氮氮键及硝酸盐氮和亚硝酸盐氮不能定量转化为铵盐,可加入还原剂如葡萄糖、苯甲酸、水杨酸、硫代硫酸钠等,使消解过程中发生一系列复杂氧化还原反应,则能将硝酸盐氮还原为氨。

用过硫酸盐(强氧化剂)和银盐(催化剂)分解尿液等样品中的有机物可获得较好的效果。

采用增压溶样法分解有机物样品和难分解的无机物样品具有溶剂用量少、溶样效率高、可减少污染等优点。该方法将生物样品放入外包不锈钢外壳的聚四氟乙烯坩埚内,加入混合酸或氢氟酸,密闭加热,于 140℃ ~ 160℃保温 2 ~ 6h,即可将有机物分解,获得清亮的样品溶液。

2. 干灰化法

干灰化法分解生物样品不使用或少使用化学试剂,并可处理较大量的样品,故有利于提高测定微量元素的准确度。但是,因为灰化温度一般为 450℃ ~ 550℃,不宜处理测定易挥发组分的样品。此外,灰化所用时间也较长。

根据样品种类和待测组分的性质不同,选用不同材料的坩埚和不同灰化温度。常用的有石英、铂、银、镍、铁、瓷、聚四氟乙烯等材质的坩埚。为促进分解或抑制某些元素挥发损失,常加入适量辅助灰化剂,如加入硝酸和硝酸盐,可加速样品氧化,疏松灰分,利于空气流通;加入硫酸和硫酸盐,可减少氯化物的挥发损失;加入碱金属或碱土金属的氧化物、氢氧化物或碳酸盐、乙酸盐,可防止氟、氯、砷等的挥发损失;加入镁盐,可防止某些待测组分和坩埚材料发生化学反应,抑制磷酸盐形成玻璃状熔融物包裹未灰化的样品颗粒等。但是,用碳酸盐作辅助灰化剂时,会造成汞和铊的全部损失,硒、砷和碘有相当程度的损失,氟化物、氯化物、溴化物有少量损失。

样品灰化完全后,经稀硝酸或盐酸溶解供分析测定。如酸溶液不能将其完全溶解,则需要将残渣加稀盐酸煮沸,过滤,然后再将残渣用碱熔法灰化。也可以将残渣用氢氟酸处理,蒸干后用稀硝酸或盐酸溶解供测定。

测定生物样品中的砷、汞、硒、氟、硫等挥发性元素,采用低温灰化技术,如高频感应激发氧灰化法和氧瓶燃烧法。

（二）提取、分离和浓缩

测定生物样品中的农药、石油烃、酚等有机污染物时，需要用溶剂将欲测组分从样品中提取出来，提取效率的高低直接影响测定结果的准确度。如果存在杂质干扰和待测组分浓度低于分析方法的最低检出浓度问题，还要进行分离和浓缩。

随着近代分析技术的发展，对环境样品中的污染物已从单独分析到多种污染物连续分析。因此，在进行污染物的提取、分离和浓缩时，应考虑到多种污染物连续分析的需要。

1.提取方法

提取生物样品中有机污染物的方法，应根据样品的特点，待测组分的性质、存在形态和数量，以及分析方法等因素选择。常用的提取方法有振荡浸取法、组织捣碎提取法和脂肪提取器提取法。

（1）振荡浸取法。蔬菜、水果、粮食等样品都可使用这种方法。将切碎的生物样品置于容器中，加入适当的溶剂，放在振荡器上振荡浸取一定时间，滤出溶剂后，用新溶剂洗涤样品滤渣或再浸取一次，合并浸取液，供分析或进行分离、富集用。

（2）组织捣碎提取法。取定量切碎的生物样品，放入组织捣碎机的捣碎杯中，加入适当的提取剂，快速捣碎 3 ~ 5min 后过滤，滤渣重复提取一次，合并滤液备用。该方法提取效果较好，应用较多，特别是从动、植物组织中提取有机污染物比较方便。

（3）脂肪提取器提取法。索格斯列特（Soxhlet）式脂肪提取器简称索氏提取器或脂肪提取器，常用于提取生物、土壤样品中的农药、石油类、苯并（a）芘等有机污染物。其提取方法是：将制备好的生物样品放入滤纸筒中或用滤纸包紧，置于提取筒内；在蒸馏烧瓶中加入适当的溶剂，连接好回流装置，并在水浴上加热，则溶剂蒸气经侧管进入冷凝器，凝集的溶剂滴入提取筒，对样品进行浸泡提取。当提取筒内溶剂液面超过虹吸管的顶部时，就自动流回蒸馏烧瓶内，如此反复进行。因为样品总是与纯溶剂接触，所以提取效率高，且溶剂用量小，提取液中被提取物的浓度大，有利于下一步分析测定。但该方法费时，常用作研究其他提取方法的对比方法。

（4）直接球磨提取法。该方法用正己烷作提取剂，直接将样品在球磨机中粉碎和提取，可用于提取小麦、大麦、燕麦等粮食中的有机氯和有机磷农药。由于不用极性溶剂提取，可以避免后续费时的洗涤和液—液萃取操作，是一种快速提取方法，加标回收率和重现性都比较好。提取用的仪器是一个 50mL 的不锈钢管，钢管内放两个小钢球，放入 1 ~ 5g 样品，加 2 ~ 8g 无水硫酸钠，20mL 正己烷，将钢管盖紧，放在 350r/min 的摇转机上，粉碎提取 30min 即可。

提取剂应根据欲测有机污染物的性质和存在形式，利用"相似相溶"原理来选择，其沸点在 45℃～80℃为宜。因为生物样品中有机污染物含量一般都很低，故要求提取剂的纯度高。此外，还应考虑提取剂的毒性、价格、是否有利于下一步分离或测定等因素。常用的提取剂有正己烷、石油醚、乙腈、丙酮、苯、二氯甲烷、三氯甲烷、二甲基甲酰胺等。为提高提取效果，常选用混合提取剂。

2. 分离方法

用有机溶剂提取欲测组分的同时，也将能溶于提取剂的其他组分提取出来。例如，用石油醚等提取有机氯农药时，也将脂肪、蜡质、色素等提取出来，对测定产生干扰，因此，必须将其分离出去。常用的分离方法有液—液萃取法、蒸馏法、层析法、磺化法、皂化法、气提法、顶空法、低温冷凝法等。

（1）液—液萃取法：液—液萃取法是依据有机物组分在不同溶剂中分配系数的差异来实现分离的。例如，农药与脂肪、蜡质、色素等一起被提取后，加入一种极性溶剂（如乙腈）振摇，由于农药的极性比脂肪、蜡质、色素大，故可被萃取分离。

（2）蒸馏法：该方法在前面已介绍，其中，扫集共蒸馏法集蒸馏层析方法于一体，具有高效、省时和省溶剂等优点，适用于测定蔬菜、水果等生物样品中有机氯（磷）农药残留量。

（3）层析法：层析法分为柱层析法、薄层层析法、纸层析法等。其中，柱层析法在处理生物样品中应用较多，其原理是将生物样品的提取液通过装有吸附剂的层析柱，则提取物被吸附在吸附剂上，但由于不同物质与吸附剂之间的吸附力大小不同，当用适当的溶剂淋洗时，则按一定的顺序被淋洗出来，吸附力小的组分先流出，吸附力大的组分后流出，使它们彼此得以分离。常用的吸附剂有硅酸镁、活性炭、氧化铝、硅藻土、纤维素、高分子微球、网状树脂等。活化的硅酸镁层析柱常用于分离农药。

（4）磺化法和皂化法：磺化法的原理是利用提取液中的脂肪、蜡质等干扰物质能与浓硫酸发生磺化反应的性质，生成极性很强的磺酸基化合物，并进入硫酸层。分离硫酸层后，洗去残留在提取液中的硫酸，再经脱水，得到纯化的提取液。该方法常用于有机氯农药提取，对于易被酸分解或与之发生反应的有机磷、氨基甲酸酯类农药则不适用。

皂化法是利用油脂等能与强碱发生皂化反应，生成脂肪酸盐而将其分离的方法。例如，用石油醚提取粮食中的石油烃，同时也将油脂提取出来，如在提取液中加入氢氧化钾－乙醇溶液，油脂与之反应生成脂肪酸钾进入水相，而石油烃仍留在石油醚中。

（5）气提法和顶空法：这两种方法也常用于分离生物样品提取液中的欲测组分或干扰组分。

（6）低温冷凝法：该方法基于不同物质在同一溶剂中的溶解度随温度不同而不同的原理进行分离。例如：将用丙酮提取生物样品中农药的提取液置于 -70℃的冰—丙酮冷阱中，会由于脂肪和蜡质的溶解度大大降低而沉淀析出，农药仍留在丙酮中。经过滤除去沉淀，获得经净化的提取液。这种方法的最大优点是有机化合物在净化过程中不发生变化，并且有良好的分离效果。

3. 浓缩方法

生物样品的提取液经过分离净化后，欲测污染物浓度可能仍达不到分析方法的要求，这就需要进行浓缩。常用的浓缩方法有蒸馏或减压蒸馏法、K–D 浓缩器法、蒸发法等。其中，K–D 浓缩器法是浓缩有机污染物的常用方法。早期的 K–D 浓缩器在常压下工作，后来加上了毛细管，可进行减小浓度，进而提高了浓缩速率。生物样品中的农药、苯并（a）芘等极毒、致癌性有机污染物含量都很低，其提取液经净化分离后都可以用这种方法浓缩。为防止待测物损失或分解，加热 K–D 浓缩器的水浴温度一般控制在 50℃以下，最高不超过 80℃。特别要注意不能把提取液蒸干。若需进一步浓缩，需用微温蒸发，如用改进的微型 Snyder 柱再浓缩，可将提取液浓缩至 0.1 ~ 0.2mL。

四、污染物的测定

生物样品中的主要污染物有汞、镉、铅、铜、铬、砷、氟等无机化合物和农药（六六六、滴滴涕、有机磷等）、多环芳烃（PAHs）、多氯联苯（PCBs）、激素等有机化合物，其测定方法主要有分光光度法、原子吸收光谱法、荧光光谱法、色谱法、质谱法和联用法等。这些方法的基本原理在前面有关章节中已作介绍，下面简要介绍几个测定实例。

（一）粮食作物中有害金属元素测定

粮食作物中铜、镉、铅、锌、铬、汞、砷的测定方法可概括为：首先从前面介绍的植物样品采集和制备方法中选择适宜的方法采集和制备样品，然后用湿式消解法或干灰化法制备样品溶液，再用原子吸收光谱法或分光光度法测定。

（二）水果、蔬菜和谷类中有机磷农药测定

方法测定要点：首先根据样品类型选择适宜的制备方法，对样品进行制备，如粮食样品用粉碎机粉碎、过筛，蔬菜用捣碎机制成浆状；而后，取适量制备好的样品加入水和丙酮提取农药，经减压抽滤，所得滤液用氯化钠饱和，并将丙酮相和水相分离，水相中的农药再用二氯甲烷萃取，分离所得二氯甲烷萃取液与丙酮提取液合并，用无水硫酸钠脱水后，于旋转蒸发仪中浓缩至约 2mL，移至 5 ~ 25mL 容量瓶中，用二氯甲烷定容供测定；最后，分别取混合标准溶液和样品提取液注入气相色谱仪，用火焰光度检测器（FPD）测定，根据样品溶液峰面积或峰高与混合标准溶液峰面积或峰高

进行比较定量。

该方法适用于水果、蔬菜、谷类中敌敌畏、速灭磷、久效磷、甲拌磷、巴胺磷、二嗪磷、乙嘧硫磷、甲基嘧啶硫磷、甲基对硫磷、稻瘟净、水胺硫磷、氧化喹硫磷、稻丰散、甲喹硫磷、虫胺磷、乙硫磷、乐果、喹硫磷、对硫磷、杀螟硫磷等的残留量测定。

（三）鱼组织中有机汞和无机汞测定

1. 巯基棉畜集　　冷原子吸收光谱法

该方法可以分别测定样品中的有机汞和无机汞，其测定要点如下：

称取适量制备好的鱼组织样品，加 1mol/L 盐酸提取出有机汞和无机汞化合物。将提取液的 pH 调至 3，用巯基棉富集两种形态的汞化合物，然后用 2mo/L 盐酸洗脱有机汞化合物，再用氯化钠饱和的 6mol/L 盐酸洗脱无机汞化合物，分别收集并用冷原子吸收光谱法测定。

2. 气相色谱法测定甲基汞

鱼组织中的有机汞化合物和无机汞化合物用 1mol/L 盐酸提取后，用巯基棉富集和盐酸溶液洗脱，再用苯萃取洗脱液中的甲基汞化合物，之后用无水硫酸钠除去有机相中的残留水分，最后，用气相色谱（ECD）法测定甲基汞的含量。

第五节　遥感监测

遥感监测是应用探测仪器对远处目标物或现象进行观测，把目标物或现象的电磁波特性记录下来，通过识别、分析，揭示了某些特性及其变化，是一种不直接接触目标物或现象的高度自动化监测手段。它可以进行区域性的跟踪测量，快速进行污染源定位、污染范围核定、污染物质实时监测，以及生态环境调查等。

遥感的工作方式可分为被动遥感和主动遥感。前者是收集目标物或现象自身发射的对自然辐射源反射的电磁波；后者是主动向目标物发射一定能量的电磁波，收集返回的电磁波信号。遥感监测的主要方法有摄影、红外扫描、相关光谱和激光雷达遥感等。

一、摄影遥感

摄影机是一种遥感装置，将其安装在飞机、卫星上对目标物进行拍照摄影，可以对土地利用、植被、水体、大气污染状况等进行监测。其原理是基于上述目标物或现象对电磁波的反射特性有差异，用感光胶片感光记录就会得到不同颜色或色调的照片。

水反射电磁波的能力是最弱的，表层土壤和植物反射电磁波的能力也是不同的。当地表水受到污染后，由于受污染程度不同，反射电磁波的能力不同，在感光胶片上呈现明显地黑白或色彩反差。例如，未受污染的海水与被石油污染的海水对电磁波反射能力差异大；水面上油膜厚度不同，反射电磁波能力也有差异，这在感光胶片上会呈现不同的色调或明暗程度，据此可判断石油污染的水域范围和对海面油膜进行半定量分析。当湖泊中藻类繁殖、叶绿素浓度增大时，可能会导致蓝光反射减弱和绿光反射增强，这种情况会在感光胶片上反映出来，据此可大致了解大面积水体中叶绿素浓度发生的变化。

感光胶片乳胶所能感应的电磁波波长范围为 $0.3 \sim 0.9 \mu m$，其中包括近紫外、可见和近红外线光区，所以在无外来辐射的情况下，拍照摄影一般可在白天借助于天然光源进行。

航空、卫星摄影是在高空飞行状态下进行的。为获得清晰的图像，就必须采用影像移动补偿技术，最简单的方法是在曝光时移动感光胶片，使感光胶片与影像同步移动。还可以将拍照摄影装置设计成扫描系统，在系统中有一旋转镜面指向目标物并接收其射来的电磁辐射能，将接收到的能量传送给光电倍增管，产生相应的电脉冲信号，该信号再被调制成电子束，转换成可被感光胶片感光的发光点，得到扫描范围区域的影像。

不同波长范围的感光胶片是由滤光镜组成的多波段摄影系统，可用不同的镜头感应不同波段的电磁波，同时对同空间的同一目标物进行拍摄，获得一组遥感照片，借以判定不同种类的污染信息。例如，天然水和油膜在 $0.30 \sim 0.45 \mu m$ 紫外线波段对电磁波反射能力差别很大，使用对此波段选择性感应的镜头拍摄的照片油水界线明显，可判断油膜污染范围；漂浮在水中的绿藻和蓝绿藻在另一波段处也有类似情况，可选择另一相应波段的镜头拍摄，判断两种藻类的生长区域。

二、红外扫描遥感

地球可被视为一个黑体，根据理论推算，平均温度约300K，其表面所发射的电磁波波长为 $4 \sim 30 \mu m$，介于中红外（$1.5 \sim 5.5 \mu m$）和远红外（$5.5 \sim 1000 \mu m$）区域。这一波长范围的电磁波在由地球表面向外发射过程中，首先被低层大气中的水蒸气、二氧化碳、氧等组分吸收，只剩下 $4.0 \sim 5.5 \mu m$ 和 $8 \sim 14 \mu m$ 的电磁波可透过"大气窗"射向高层空间，所以遥感测量热红外电磁波范围就在这两个波段。因为地球会连续地发射红外线，所以这类遥感测量系统可以日夜连续进行监测。

地球表面的各种受监测对象具有不同的温度，其辐射能量随之不同；温度越高，辐射功率越强，辐射峰值的波长越短。红外扫描遥感技术就是利用红外扫描仪接收监测对象的热辐射能，转换成电信号或其他形式的能量后，再加以测量，获得它们的波长和强度，判断不同物质及其污染类型和污染程度。例如水体热污染、石油污染情况，森林火灾和病虫害，环境生态等。

普通黑白全色胶片和红外胶片对上述红外线光区电磁波均不能感应，所以需用特殊感光材料制成的检测元件，如半导体光敏元件。当红外扫描仪的旋转镜头对准受检目标物表面扫描时，镜头将传来的辐射能反射聚焦在光敏元件上，光敏元件随受照光量不同，引起阻值变化，造成传导电流的变化；让此电流流过具有恒定电阻的灯泡时，则灯泡发光明暗度随电流大小变化，变化的光度又使感光胶片产生不同程度的曝光，这样便得到能反映被检目标物情况的影像。这种影像还可以通过阴极射线管的屏幕得以显示，或进一步由计算机处理后以直方图的图像形式输出。

三、相关光谱遥感

相关光谱遥感，是基于物质分子对光吸收的原理并辅以相关技术的监测方法。在吸收光谱技术基础上配合相关技术是为了排除测定中非受检组分的干扰。这种技术采用的是吸收光为紫外线和可见光，故可利用自然光作光源。在一些特殊场合，也可采用人工光源。其测定过程是自然光源由上而下透过受检大气层后，使之相继进入望远镜和分光器，随后穿过由一排狭缝组成的与受检气体分子吸收光谱相匹配的相关器，相关器透射的光谱图正好相应于受检气体分子的特征来吸收光谱，加以测量后，便可推知其含量。相关器是根据某一特定污染物质吸收光谱的某一吸收带（如 SO_2 选择 300nm 左右），预先复制出的刻有一组狭缝的光谱型板，狭缝的宽度和间距与真实的吸收光谱波峰和波谷所在波长模拟对应，这样可从这组狭缝射出受检物质分子的吸收光谱。因此，在相关技术中使用的是成对的吸收光，每对吸收光波长都是邻近的，且所选波长要使其通过受检物质时分别发生强吸收和弱吸收，这有利于提高检测灵敏度。

相关光谱遥感已用于一氧化氮、二氧化氮和二氧化硫的监测，如对它们同时进行连续测定，则在系统中需要安装三套相关器。监测这三种污染组分的实际工作波长范围是：SO_2 为 250～310nm，NO 为 195～230nm，NO_2 为 420～450nm。

四、激光雷达遥感

激光具有单色性好、方向性强和能量集中等优点，可以利用激光与物质作用获得的信息监测污染物质，具有灵敏度高、分辨率好、分析速度快的优点，所以自 20 世纪 70 年代初以来，运用激光进行遥感监测的技术和仪器发展很快。

激光雷达遥感监测环境污染物质是利用测定激光与监测对象作用后发生散射、反射、吸收等现象来实现的。例如，激光射入低层大气后，将会与大气中的颗粒物作用，因颗粒物粒径大于或等于激光波长，故光波在这些质点上发生米氏散射。据此原理，将激光雷达装置的望远镜瞄准由烟囱口排出的烟气，对发射后经米氏散射折返并聚焦到光电倍增管窗口的激光强度进行检测，就可以对烟气中的烟尘浓度进行实时监测。当射向空气的激光与气态分子相遇时，则可能发生另外两种分子散射作用而产生的折返信号，一种是散射光频率与入射光频率相同的雷利散射，这种散射占绝大部分；另一种是占1%以下的散射光频率与入射光频率相差很小的拉曼散射。应用拉曼散射原理制成的激光雷达可用于遥测空气中SO_2、NO、CO、CO_2、H_2S和CH_4等污染组分。因为不同组分都有各自的特定拉曼散射光谱，可借此进行定性分析；拉曼散射光的强度又与相应组分的浓度成正比，借此又可作定量分析。因为拉曼散射信号较弱，所以这种装置只适用于近距离（数百米范围内）或高浓度污染物的监测。发射系统将波长为λ_0（相应频率为f_0）的激光脉冲发射出去，当遇到各种污染组分时，则分别产生与这些组分相对应的拉曼频移散射信号（f_1、f_2、…、f_n）。这些信号连同无频移的雷利和米氏散射信号（f_0）一起折返发射点，经接收望远镜收集后，通过光谱分析器分出各种频率的折返光波，并用相应的光电检测器检测，再经电子及数据处理系统得到各种污染组分的定性和定量检测结果。

激光荧光遥感技术是利用某些污染物分子受到激光照射时被激发而产生共振荧光，测量荧光的波长，可作为定性分析的依据；测量荧光的强度，可作为定量分析的依据。如一种红外激光—荧光遥感监测仪可监测空气中的NO、NO_2、CO、CO_2、SO_2、O_3等污染组分；还有一种紫外激光—荧光遥感监测仪可监测空气中的$HO-$浓度，也可以监测水体中有机物污染和藻类大量繁殖情况等。

利用激光单色性好的特点，也可以用简单的光吸收法来监测空气中污染物浓度。例如：曾用长光程吸收法测定空气中$HO-$的浓度，将波长为307.9951nm、光束宽度小于0.002nm的激光射入空气，测其经过10km射程被$HO-$吸收衰减后的强度变化，便可推算出空气中$HO-$的浓度。还有一种差分吸收激光雷达监测仪，以其高灵敏度及可进行距离分辨测量等优点成功应用于遥测空气中NO_2、SO_2、O_3等分子态污染物的浓度。这种仪器使用了两个波长不同而又相近的激光光源，它们交替或同时沿着同一空气途径传输，被测污染物分子对其中一束光产生强烈吸收，而对波长相近的另一束光基本没有吸收；同时，气体分子和气溶胶颗粒物对这两束光具有基本相同的散射能力（因光受颗粒物散射的截面大小主要是由光的波长决定），因此两束光被散射后的返回光强度差仅由被测物质分子对它们具有不同的吸收能力决定，根据这两束返回光的强度差就能确定被测污染物在空气中的浓度；分析这两束光强度随时间变化而导致的检测信号变化，就可以进行被测物质分子浓度随距离变化的分辨测定。例如，对大气平流层臭氧垂直分布的研究，激光雷达用激光器向平流层发射能被臭氧吸收的紫外线（308nm）和不能被臭氧吸收的紫外线（355nm），用电子望远镜收集从不同高度散射返回的紫外线，通过识别、分析，可获得不同高度的臭氧浓度。

五、微波辐射遥感

微波是指 300 ~ 300 000MHz（波长 1nm ~ 1m）的电磁波。有些气态污染物在微波段具有特征吸收带，如一氧化碳在 2.59mm 波长处、氮氧化物在 2.4mm 波长处、臭氧在 2.74mm 波长处有特征吸收带，可用微波辐射测定仪测定。

六、"3S" 技术

遥感（RS）与地理信息系统（GIS）、全球定位系统（GPS）相结合（称"3S"技术）形成了对地球进行空间观测、空间分析及空间定位的完整技术体系，在监测大范围的生态环境、自然灾害、污染动态和研究全球环境变化、气候变化规律和减灾、防灾等方面发挥着越来越重要的作用。其中，全球定位系统可提供高精度的地理定位方法，用于野外采样点、海洋等大面积水体污染区域、沙尘暴范围等定位。地理信息系统是一种功能强大的对各种空间信息在计算机平台上进行存储、传输、处理及综合分析的工具。三种技术的结合，为扩大环境监测范围和功能，提高信息化水平，以及对突发性环境污染事故的快速监测、评估等提供了有力的技术支持。我国于 2008 年发射的风云三号新一代极轨气象卫星，装载有扫描辐射仪、红外分光光度仪、微波温度计、微波湿度计、中分辨率光谱成像仪、微波成像仪、紫外臭氧总量探测仪、紫外臭氧垂直探测仪、地球辐射探测仪、太阳辐射监测仪和空间环境监测仪等 11 台有效载荷，开展三维、全天候、多光谱定量探测，以获取海洋及空间环境的相关信息。

第六节　环境监测网

环境监测网是运用计算机和现代通信技术将一个地区、一个国家，乃至全球若干个业务相近的监测站及其管理层按照一定的组织、程序相互联系，传递环境监测数据、信息的网络系统。通过该系统的运行，达到信息共享，提高区域性监测数据的质量，为评价大尺度范围环境质量和科学管理提供依据。下面介绍我国环境监测网情况。

一、环境监测网管理与组成

我国环境监测网由环境保护部会同资源管理、工业、交通、军队及公共事业等部门的行政领导，组成的国家环境监测协调委员会负责行政领导，其主要职责是为了商议全国环境监测规划和重大决策问题。由各部门环境监测专家组成国家环境监测技术委员会负责技术管理，主要职责是：审议全国环境监测技术决策和重要监测技术报告；制定全国统一的环境监测技术规范和标准监测的分析方法，并进行监督管理。环境监测技术委员会秘书组设在中国环境监测总站。

全国环境监测网由国家环境监测网、各部门环境监测网及各行政区域环境监测网组成。国家环境监测网由各类跨部门、跨地区的生态与环境质量监测系统组成，其主要监测点是从各部门、各行政区域现行的监测点中优选出来的，由各部门分工负责，来开展生态监测和环境质量监测工作。部门环境监测网为资源管理、环境保护、工业、交通、军队等部门自成体系的纵向环境监测网，它们在国家环境监测网分工的基础上，根据自身功能特点和减少重复的原则，工作各有侧重，如资源管理部门以生态环境质量监测为主，工业、交通、军队等部门以污染源监测为主。行政区域环境监测网由省、市级横向环境监测网组成，省级环境监测网以对所辖地区环境质量监测为主，市级环境监测网以污染源监测为主。

环境监测网的实体是环境质量监测网和污染源监测网。国家环境质量监测网，由生态监测网、空气质量监测网、地表水质量监测网、地下水质量监测网、海洋环境质量监测网、酸沉降监测网、放射性监测网等组成。

二、国家空气质量监测网

该监测网由空气质量监测中心站和从城市、农村筛选出的若干个空气质量监测站组成。空气质量监测中心站分为空气质量背景监测站、城市的空气污染趋势监测站和农村居住环境空气质量监测站三类。

空气质量背景监测站设在无工业区、远离污染源的地方，其监测结果用于评价所在区域空气质量，与城市空气质量相比较。城市空气污染趋势监测站分为一般趋势（监测）站和特殊趋势（监测）站两类。前者进行常规项目（TSP、SO_2、NOx、PM10及气象参数）例行监测，发布空气达标情况；后者是选择国家确定的空气污染重点城市来开展特征有机污染物、臭氧监测。农村居住环境空气质量监测站建在无工业生产活动的村庄，开展空气污染常规项目的定期监测，改善空气质量状况。

三、国家地表水质量监测网

国家地表水质量监测网，由地表水质量监测中心站和若干个地表水质量监测子站组成。地表水质量监测子站设在各水域，委托地方监测站负责日常运行和维护。监测子站的类型有背景监测站、污染趋势监测站、生产性水域监测站和污染物通量监测站。子站的监测断面布设在重要河流的省界，重要支流入河（江）口和入海口，重要湖泊及出入湖河流、国界河流及出入境河流，湖泊、河流的生产性水域及重要水利工程处等。

四、其他国家环境质量监测网

海洋环境质量监测网是由国家海洋局组建，设有海洋环境质量监测网技术中心站、近岸海域污染监测站、近岸海域污染趋势监测断面、远海海域污染趋势监测断面。通过开展监测工作，掌握各海域水质状况和变化趋势。同时，从海洋环境质量监测网的监测站中选择部分监测站开展海洋生态监测，形成生态与环境相统一的监测网。海洋环境质量监测网的信息汇入了中国环境监测总站。

地下水监测已形成由一个国家级地质环境监测院、31个省级地质环境监测中心、200多个地（市）级地质环境监测站组成的三级监测网，布设了两万多个监测点，并陆续建设和完善了全国地下水监测数据库，完成了大量地下水监测数据的入库管理，基本上改善了全国主要平原、盆地地区地下水的质量动态状况。

在生态监测网建设方面，已利用建成的生态监测站和生态研究基地，围绕农业生态系统、林业生态系统、海洋生态系统、淡水（江、河流域和湖、库）生态系统、地质环境系统开展了大量生态监测工作，逐步形成农业、林业、海洋、水利、地质矿产、环境保护部门及中国科学院等多部门合作，空中与地面结合、骨干站与基本站结合、监测与科研结合的国家生态监测网。

五、污染源监测网

建立污染源监测网的目的是为了及时、准确、全面地了解各类固定污染源、流动污染源排放的达标情况和排污总量。污染源监测涉及部门多、单位多，适于以城市为单元组建污染源监测网。城市污染源监测网由环境保护部门监测站（中心）负责，会同有关单位监测站组成。工业、交通、铁路、公安、军队等系统也组建了行业污染源监测网。

六、环境监测信息网

环境监测数据、信息是通过信息系统传递的。按照我国环境监测系统的组成形式、功能和分工，国家环境监测信息网分为三级运行和管理。

一级网为各类环境质量监测网基层站、城市污染源监测网基层站（城市网络组长单位）。它们将获得的各类监测数据、信息输入原始数据库，按照上级规定的内容和格式将数据、信息传送至专业信息分中心（设在省或自治区、直辖市环境监测中心站）。污染源监测数据、信息由城市网络中心（设在市级监测站）传递给专业信息分中心。基层站的硬件以微型计算机平台为主。

二级网为专业信息分中心，负责本网络基层站上报监测数据和信息的收集、存储和处理，编制监测报告，建立二级数据库，将汇总的监测数据、信息按统一要求传送至国家环境监测信息中心。专业信息分中心的硬件以小型计算机工作站为主。

三级网为国家环境监测信息中心（设在中国环境监测总站），负责收集、存储和管理二级网上报的监测数据、信息和报告，建立三级数据库，并编制各类国家环境监测报告。

此外，各环境监测网信息分中心、国家环境监测信息中心除实现国内联网外，还应通过互联网与国际相关网络联网，如全球环境监测系统（GEMS）、欧洲大气监测与评估计划网络（EMEP）等，以及时交流并获得全球的环境监测信息。

第五章　生态环境的破坏与恢复
理论研究

第一节　人为干扰与生态破坏

　　人为干扰是人类改造自然界的一种生产活动。干扰的强度与生产力的发展水平紧密相关，高水平的生产力对自然界的干扰强度大，反之则小。人为对自然界的干扰作用有正干扰和负干扰两种类型。尊重自然界的客观规律，遵循生产与生态学相结合的原则，谋求与生态系统的最大和谐与协调，在这种科学思想指导下去从事生产活动是正干扰，这样的生产活动有利于生态系统向稳定、复杂和高级的方向发展；如果违背了自然界的客观规律，随心所欲地对待自然界，是一种负干扰活动。

　　生态破坏，通常是指生态环境的破坏和生态平衡的失调，其破坏程度取决于人为的负干扰程度，负干扰愈强烈，生态破坏就愈严重，生态恢复的难度和时间就相应地增加和延长。

一、古文明与环境

　　历史上曾显赫一时的古巴比伦文明就是在沃野千里、林海茫茫的美加索布达米平原的两河流域（幼发拉底河和底格里斯河）上兴起的。由于森林大量砍伐，草地被过度放牧，生态环境日益恶化，原来大片的森林草原成为一片沙漠，两河流域附近的耕地又因灌溉不当而发生了盐碱化，至公元前4纪末，古巴伦文明也因此而衰落。

　　古埃及文明孕育发展于尼罗河流域，那时埃及气候湿润，草木生长茂盛，覆盖着大量热带林，后来，大量的森林被滥伐，气候条件也日益恶化，尼罗河文明也日趋衰落。今天的埃及仍是世界上森林最少的国家之一，全国96%以上的土地为沙漠所覆盖。因此，有些历史学家感叹："由于森林的消失，埃及600年的文明，却换来了近3000年的荒凉。"

　　作为印度文明"基石"的塔尔平原位于南亚大陆的印度河流域。由于人口的增长，大量的森林被砍，草地被开垦，土地裸露，气候条件日趋干旱化，最终形成大沙漠。

昔日富饶的塔尔平原如今已成大沙漠。

古黄河文明在世界文明史上占有重要的地位,曾经是中国农业和文明的摇篮。但是,随着上游丘陵山原地区森林和草原的严重破坏,造成了生态的恶性循环和农林牧业的衰退,昔日清澈的"大河"成了今日的"黄河",下游的河床由于泥沙冲击导致每年抬升数厘米,黄河孕育的文明也日益衰落。

二、不合理的开发与环境

对土地的不合理开发利用造成了土壤侵蚀,土壤侵蚀是土壤退化的根本原因,也是导致生态环境恶化的严重问题,古今中外的历史事实也证明了这一点。

(一)水土流失

水土流失是土地资源的不合理利用,特别是毁林造田、过度放牧所带来的不良后果。据统计,全世界水土流失面积达 25 亿 hm2,占全球耕地和林草地总面积 86.5 亿 hm2 的 29%。全球耕地面积约 14.57 亿 hm2,表土层平均厚 18cm,由于水和风的侵蚀,在过去 100 年内,地球上有 2 亿 hm2 土地遭受了损失,每年有 270 亿 t 土壤随水流失。如果以土壤层平均厚 1m 计算,经过 809 年全球耕地土壤将被侵蚀殆尽。

(二)地力衰退

在土地资源利用中,地力衰退主要表现在养分的亏损上,其根本原因之一就是森林破坏。

地力衰退的原因之一是水土流失。据原苏联科学院地理研究所的调查,原苏联每年因水土流失而损失的氮为 122.9 万 t、磷 539 万 t、钾 1213.5 万 t。美国密西西比河每年因水土流失带走磷 6.1 万多 t、钾 162.6 万多 t、钙 2244.6 万多 t、镁 517.9 万多 t,所以有人说"美国现在每出口 1t 小麦,就从密西西比河'出口'10t 表土。"据统计中国每年因水土流失的氮、磷、钾为 4000 万 t 左右,与一年的化肥用量相当。其中长江流域的土壤流失量为 22.4 亿 t,损失氮、磷、钾约 2500 万 t。

地力衰退的另一个原因是农业发展迅速,需要从土壤中吸收大量的养分。统计资料表明,印度 1980~1981 年生产粮食 1.3 亿 t,除去从化肥和有机肥中取走 2/3 的养分外,尚有 1/3 即 1750 万 t 养分需从土壤中获取,造成土壤养分亏损日趋严重。

(三)沙漠化扩大

目前世界上受沙漠化威胁的面积已达 4500 万 km^2,每年因沙漠化损失的耕地面积达 5 万 ~7 万 km²，损失达 100 亿美元。沙漠化扩大速度为每年 600 万 hm2 左右。撒哈拉沙漠的南缘在最近 50 年中已有 65 万 km² 的土地不再适于农牧业，变成了荒漠。我国的沙漠化现象也比较严重，内蒙古沙漠化的发展直接威胁着首都北京的环境。世界性沙漠化的扩大是森林和草场被破坏和退化所致。

（四）土壤盐碱化面积扩大

土壤盐碱化的原因主要是由于土地利用方式不当和灌溉排水不合理。迄今为止，中国因生盐渍化而弃耕的面积就达 4 万 hm2 左右，约有 1/5 的耕地在不同程度上存在盐碱化和次生碱化特征。

三、城市化与环境

城市化是人类发展、变革的重要过程，是一个国家经济、文化发展的结果。城市化引起的城市环境问题主要是大气、水体、垃圾和噪声污染严重，绿地缺乏，城市热辐射和光辐射，能源和资源不足，生物种类极为贫乏，生态环境质量下降，等等。

第二节　生态破坏的特征与危害

生态破坏是指由于人为的干扰所造成生态环境的破坏。破坏的特征与危害主要表现在生态环境极端化，出现生态灾害，生态系统发生逆行演替，生产力下降，生物多样性指数低，生态系统脆弱，生态平衡失调，等等。

一、水土流失的危害

水土流失的后果常常是灾难性的。德国水土保持专家认为，水土流失引起的土壤退化与泥沙淤积对人类来说，是一场难以想象的生态灾难。

（一）土壤退化

水土流失的直接后果之一是土壤的承载能力下降,主要表现在 3 个方面: 土壤退化，肥力衰退；土层变薄；土壤石质化。特别是石质化土壤彻底失去承载能力后，将会在相当长一段时间内成为不毛之地。

据考察，西周时期，黄土高原约有 0.32 亿 hm2 森林，覆盖率 53%。从秦朝起，多次耕垦和多次大破坏，到 20 世纪 40 年代，森林不足 0.02 亿 hm2，覆盖率降到 3%，以致到处童山秃岭，千沟万壑，赤地千里。由于黄土高原森林植被的破坏，导致水土流失严重，黄河也就成了名副其实的黄河了。

根据长江中上游防护林体系学术研讨会的资料，长江流域因每年水土流失而损失的氮、磷、钾等无机养分为 2500 万 t，相当于 50 个年产 50 万 t 位的化肥厂总产量，此外还有大量有机养分损失。同时土层变薄和出现砂砾化，如贵州省土层厚度 15cm 以下的耕地占总耕地面积的 49.3%，松沙型耕地占耕地面积的 20.2%，石砾含量达 3% 以上的耕地占总耕地面积的 12.5%。由于土壤肥力衰竭和石质化，耕地大量减少，如陕西省汉中地区 20 世纪 50 年代初至 80 年代的 30 年间，因水土流失而被迫弃耕的农地就达到 22.2 万 hm²。

（二）湖库淤积

水土流失另一个极为可怕的后果是泥沙淤积。雨季来临，没有森林，山体受到冲刷，水流夹着泥沙，一泻无阻，涌入江河、湖库。江水一旦减速，抗沙力下降，泥砂便沉积下来，造成了湖库淤积，面积和库容减少，河床抬升甚至堵塞，出现悬河，造成很大的安全隐患。

（三）水旱灾害

据有关资料，淮河流域因植被破坏严重，土壤表层性质恶化，有雨是洪，无雨是旱，以致洪水发生频率和干旱发生频率提高。

（四）湖泊富营养化

由于含氮、含磷的水土流失，以及生活和畜牧业污水排放量大，致使长江中下游许多湖泊和水库富营养化加剧，湖泊、水库等水体中藻类尤其是蓝藻水华（湖靛）日趋普遍。

二、生物多样性锐减

由于森林的破坏，草场垦耕和过度放牧等，不仅导致土地沙漠化、盐渍化和贫瘠化等，而且导致了生态系统简单化和退化，破坏了物种生存、进化和发展的环境，使物种和遗传资源失去了保障。据国际自然与自然资源保护联盟（IUCN）等组织对鸟类的调查，在 3500~100 万年前，平均每 300 年有一种鸟灭绝；从 100 万年前到近代，平均每 50 年有一种灭绝；可是最近 300 年，平均每 2 年灭绝 1 种；而进入 20 世纪后，每年就灭绝一种。如果现存的物种得不到保护，物种濒危或灭绝的趋势将进一步加剧。

生物多样性锐减的后果是灾难性的。生物多样性的破坏，特别是生物的食物链和食物网的断裂和简化，将导致生物圈内食物链的破碎，引起人类生存基础的坍塌，这是非常危险的。

三、土地沙漠化的危害

土壤沙漠化和土壤退化是人类面临的最严重问题之一，全球有 10 亿人受到了荒漠化的直接威胁，其中有 1.35 亿人在短期内有失去土地的危险。荒漠化灾害影响涉及全球约 1/3 的陆地面积。在全球出现荒漠化土地的 6 大洲中，非洲排名首位，世界上荒漠化土地的半数以上在非洲。地球上最大的沙漠——撒哈拉沙漠的流沙每年向南扩展近 150 万 hm2，向北吞没农田 10 万 hm2。欧洲 66% 的旱地也受到不同程度地荒漠化的危害。全球陆地面积约有 1/4 受到不同程度荒漠化的危害，相当于俄罗斯、加拿大、中国、美国国土面积的总和，且每年仍以 5 万 ~7 万 km2 的速度扩展。由此造成的直接经济损失每年约 423 亿美元。随着荒漠化的加速蔓延，人类可耕种的土地日益减少，已严重影响世界粮食生产。这也是近年来世界饥民由 4.6 亿增至 5.5 亿的重要原因之一。联合国环境规划署发出警告："照此下去，地球将被卷入一场浩劫性的社会和经济灾难之中。"

荒漠化使人失去了赖以生存的沃土和家园，资源的枯竭将会引发社会和政治的动荡不安。在非洲撒哈拉干旱荒漠区的 21 个国家中，20 世纪 80 年代干旱高峰区有 3500 万人口受到影响，一千多万人背井离乡成为"环境难民"。目前，全世界"环境难民"的人数已达三千多万人。中国西部部分地区居民因风沙原因被迫后移，也成为"环境难民"。

荒漠化造成的贫困和社会动荡，不再是一个生态问题，已成为严重的经济和社会问题。

四、湿地景观消失

湿地在调节气候、涵养水源、蓄洪防旱、控制土壤侵蚀、促进造陆、净化环境、维持生物多样性和生态平衡等方面均具有十分重要的作用。我国是世界上湿地类型多、面积大、分布广的国家之一，天然湿地面积约 2500 万 hm2，仅次于加拿大和俄罗斯，居世界第 3 位。从寒温带到热带，从沿海到内陆，从平原到高原山区均有湿地分布，包括沼泽、泥炭地、湿草甸、浅水湖泊、高原咸水湖泊、盐沼和海岸滩涂等多种。由于人类的破坏行为，我国的湿地正面临着区域生态环境破坏、自然湿地景观消失、气候条件变化等生态灾难。由于围垦和水中泥沙含量较大这两个主要原因，使湖泊面积和容积日趋缩小，自然湿地的面积也因此减少，调蓄洪水的能力下降。

第三节　生态破坏的恢复对策

生态系统具有很强的自我恢复能力和逆向演替机制，即使在植被完全破坏的情况下，生态系统都有可能会恢复。例如从古老废弃的耕地恢复到林地，从火山灰上发展起来的灌木林和草地等都说明了生态系统的自我恢复能力。无论是来自自然因素，还是来自人为因素的干扰和破坏都会发生系统的自然恢复。这些恢复过程在自然状态下可能进展缓慢，例如在温带地区，森林生态系统大约需 100 年才能恢复到原貌；但是，如果在采用人工设计并辅以工程措施的条件下，一些生态系统破坏型可在不到 5 年的时间内恢复到耕地或草地的水平，用 20~30 年时间恢复到林地水平（Bradsaw，1980）；如果有足够的物质投入（增施化学肥料和有机肥）和优越的自然条件（例如充足的降水量），生态恢复的时间可以更短一些（舒俭民等，1996）。

一、恢复生态学的理论基础

（一）概述

生态恢复是相对于生态破坏而言的。生态破坏可以理解为生态系统的结构发生变化，造成功能退化或丧失，关系紊乱。生态恢复就是恢复系统的合理结构、高效的功能和协调的关系（Bradshan，1983）。生态恢复实质上就是被破坏的生态系统的有序演替过程，这个过程使生态系统可恢复到原先的状态。但是，由于自然条件的复杂性以及人类社会对自然资源利用的影响，生态恢复并不意味着在所有场合下都能够或必须使恢复的生态系统都恢复到原先的状态，生态恢复散本质的目的就是恢复系统的必要功能，并达到系统自维持状态。

群落的自然演替机制奠定了恢复生态学的理论基础。在自然条件下，如果群落一旦遭到干扰和破坏，它还是能够恢复的，恢复的时间有长有短。首先是被称为先锋植物的种类侵入遭到破坏的地方并定居和繁殖。先锋植物改善了破坏地的生态环境，使得更适宜其他物种的生存并被取代，如此渐进直到群落恢复它原来的外貌和物种成分为止。在遭到破坏的群落地点所发生的这一系列变化，就是人们通常所指的生态系统的进展演替。

演替可以在地球上几乎所有类型的生态系统中发生，有原生和次生演替之分。生态恢复是指生态系统中的次生演潜。如在火烧迹地或皆伐迹地，云杉林上发生的次生演替序列为：迹地—杂草—桦树—山杨—云杉林阶段，时间可达几十年之久。弃耕地上发生的次生演替序列为：弃耕地—杂草—优势草—灌木—乔木。从上述次生演替序列来看，次生演替序列可通过人为手段加以控制，加快演替速度。

（二）恢复生态学及其研究内容

恢复生态学是研究生态系统退化的原因、退化生态系统恢复与重建的技术与方法、生态学过程与机理的科学（余作岳等，1996），它是现代生态学的年轻分支学科之一。恢复生态学最早是由西欧学者提出的。它的出现有着强烈的作用，生态学背景，因为其研究对象是那些在自然灾变和人类活动压力下受到破坏的生态系统。因此，恢复生态学在一定意义上是一门生态工程学或生物技术学（陈昌笃等，1993）。

恢复生态学与生态学分支（如遗传生态学、种群生态学、群落生态学、生态系统生态学、景观生态学、保护生态学等）（余作岳等，1996）、生物学、土壤学、水文学、农学、林学、工程与技术学、环境学、地学、经济学、社会伦理学等学科紧密相连。恢复生态学是一门以基础理论和技术为软硬件支持的多学科交叉、多层面兼顾的综合应用学科。

恢复生态学应加强基础理论和应用技术两大领域的研究工作。基础理论研究包括：

①生态系统结构（包括生物空间组成结构、不同地理单元与要素的空间组成结构及营养结构等）、功能（包括生物功能；地理单元与要素的组成结构对生态系统的影响与作用；能流、物流与信息流的循环过程与平衡机制等）以及生态系统内在的生态学过程与相互作用机制（赵桂久等，1995）；

②生态系统的稳定性、多样性、抗逆性、生产力、恢复力与可持续性研究；

③先锋与顶级生态系统发生、发展机理与演变规律研究（赵桂久等，1995）；

④在不同干扰条件下生态系统的受损过程及其响应机制研究；

⑤生态系统退化的景观诊断及其评价指标体系研究；

⑥生态系统退化过程的动态监测、模拟、预警及预测研究；

⑦生态系统的健康研究。

应用技术研究包括：

①退化生态系统的恢复与重建的关键技术体系研究；

②生态系统结构与功能的优化配置与重构及其调控技术研究；

③物种与生物多样性的恢复与维持技术；

④生态工程设计与实施技术；

⑤环境规划与景观生态规划技术；

⑥典型退化生态系统恢复的优化模式试验示范与推广研究。

二、退化生态系统恢复与重建目标、原则与操作程序

（一）退化生态系统恢复的基本目标

根据不同的社会、经济、文化与生活需要，人们往往会对不同的退化生态系统制定不同水平的恢复目标。但是无论什么类型的退化生态系统，都应该具有一些基本的恢复目标或要求，主要包括：①实现生态系统的地表基底稳定性。因为地表基底（地质地貌）是生态系统发育与存在的载体，基底不稳定（如滑坡），就不可保证生态系统的持续演替与发展。②恢复植被和土壤，保证一定的植被覆盖率和土壤肥力。③增加种类组成和生物多样性。④实现生物群落的恢复，提高生态系统的生产力和自我维持能力。⑤减少或控制环境污染。⑥增加视觉和美学享受（纪万斌等，1996）。

（二）退化生态系统恢复与重建的基本原则

在退化生态系统的恢复与重建要求在遵循自然规律的基础上，通过人类的作用，根据技术上适当、经济上可行、社会能够接受的原则，使受害或退化的生态系统重新获得健康并有益于人类生存与生活的生态系统重构或再生过程。生态恢复与重建的原则一般包括自然法则（地理学原则，生态学原则，系统原则）、社会经济技术原则（经济可行性与可承受性原则，技术可操作性原则，社会可接受性原则，无害化原则，最小风险原则，生物、生态与工程技术相结合原则，效益原则，可持续发展原则等）、美学原则（最大绿色原则，健康原则）3个方面。自然法则是生态恢复与重建的基本原则，也就是说，只有遵循自然规律的恢复重建才是真正意义上的恢复与重建，否则只能是背道而驰、事倍功半。社会经济技术条件是生态恢复重建的后盾和支柱，在一定程度上制约着恢复重建的可能性、水平与深度。美学原则是指退化生态系统的恢复重建应给人以美的享受。

1.地域性原则

由于不同的区域具有不同的生态环境背景，如气候条件、地貌和水文条件等，这种地域的差异性和特殊性就要求我们在恢复与重建退化生态系统的时候，要因地制宜，具体问题具体分析，千万不能照搬照抄，而应在长期定位试验的基础上，总结经验，获取优化与成功模式，然后方可示范推广。

2. 生态学与系统学原则

生态学原则主要包括生态演替原则、食物链和食物网、生态位原则等，生态学原则要求我们根据生态系统自身的演替规律分步骤分阶段进行，循序渐进，不能急于求成。例如，要恢复某一极端退化的裸荒地，首先应注重先锋植物的引入，在先锋植物改善土壤肥力条件并达到一定覆盖率以后，可考虑草本、灌木等的引入栽培，最后才是乔木树种的加入。另一方面，在生态恢复与重建时，要从生态系统的层次上展开，要有整体系统的思想。根据生物间及其与环境间的共生、互惠、竞争和颉颃关系，以及生态位和生物多样性原理，构建了生态系统结构和生物群落，使物质循环和能量流动处于最大利用和最优状态，力求实现土壤、植被、生物同步和谐演替，只有这样，恢复后的生态系统才能稳步、持续地维持与发展。

3. 最小风险原则与效益最大原则

由于生态系统的复杂性以及某些环境要素的突变性，加之人们对生态过程及其内在运行机制认识的局限性，往往不可能对生态恢复与重建的后果以及生态最终演替方向进行准确地估计和把握，因此，在某种意义上，退化生态系统的恢复与重建具有一定的风险性。这就要求我们要认真地深入地研究植被恢复对象，经过综合地分析评价、论证，将其风险降到最低限度。同时，生态恢复往往是一个高成本的投入工程，因此，在考虑当前经济的承受能力的同时，又要考虑生态恢复的经济效益和收益周期，这是生态恢复与重建工作中十分现实而又为人们所关心的问题。保持最小风险并获得最大效益是生态系统恢复的重要目标之一，这是实现生态效益、经济效益和社会效益完美统一的必然要求。这些内容是恢复生态学研究的重点课题。

（三）生态恢更与重建的一般操作程序

退化生态系统的恢复与重建一般分为下列几个步骤：①首先要明确被恢复对象，并确定系统边界；②退化生态系统的诊断分析，包括生态系统的物质与能量流动和转化分析，退化主导因子、退化过程、退化类型、退化阶段与强度的诊断与辨识；③生态退化的综合评判，确定恢复目标；④退化生态系统的恢复与重建的自然—经济—社会—技术可行性分析；⑤恢复与重建的生态规划与风险评价，建立优化模型，提出决策与具体实施方案；⑥进行实施恢复与重建的优化模式试验与模拟研究，通过长期定位观测试验，获取在理论和实践中具可操作性的恢复重建模式；⑦对一些成功的恢复与重建模式进行示范与推广，同时还要强化后续的动态监测与评价（章家恩，1999）。

三、生态恢复的植物恢复技术

森林生态系统是陆地生态系统中功能最强、维持地球生态平衡作用最大、调节能力最好的一个系统。

（一）对土壤的改良作用

一般来讲，对于一个生态破坏严重的生态系统，生物种类及其生长介质的丧失或改变是影响生态恢复的主要障碍，对于这一关键问题，通常选择合适的植物种类改造介质，使被破坏的生态环境变得更适合其他更多植物的生长，这样可以大大加速自维持生态系统的重建。

选择适宜的植物种类是生态恢复的关键技术之一。对于陆地生态系统的生态恢复，耐干旱、耐贫瘠、固氮、速生、高产的草本或灌木是首选种类，这类植物可以迅速生长，有强有力适应被破坏环境的能力，改变遭破坏的生态环境，为其他植物的迁移、定居创造了条件。固氮植物还能改善基质的养分状况（Roberts，1981）。在种植过程中，根据土壤的元素组成与肥力，辅以一定的水肥，尤其是微生物肥，这些措施对植物的快速生长和土壤条件的改善非常有利。对于结构和功能完全丧失的生态系统，利用物理或化学的方法直接改良土壤是生态恢复的必要途径。例如，在被酸性湿沉降和干沉降所酸化的地区，施加一定量的石灰可以加速改变土壤的 pH 值（高吉喜等，1991）；石墨矿尾砂地掺加一定比例的熟土与风化土后施加 45~135t/hm2 有机肥后，可形成适合小麦等粮食作物种植的土壤（舒俭民等，1996）；稀土尾沙堆在不覆客土，施加有机肥和钙、镁、磷肥后直接种植乔木的一年生苗可取得很好的恢复效果（刘建业等，1993）。

（二）对土壤重金属的净化

对于重金属废弃地，可利用植物根系对土壤重金属吸收作用进行植物整治。坐麻就是一种对土壤吸收能力较强的植物，利用艺麻净化土壤，在将受麻地上部分的镉全部移出污染区、切断污染循环的前提下，使土壤镉含量从 50mg/kg 降至 lmg/kg 的净化目标浓度只需 2164 年左右，将镉从 10mg/kg 降至 lmg/kg 亦需 619 年左右（王凯荣等1998）。桑树的耐旱能力较强，植入受污染的弃耕地后，土壤镉含量下降和向下层迁移的趋势都非常显著（王凯荣等 1998）。由于蚕的耐镉能力较强，因此用含镉较高的桑叶喂养蚕，不仅能整治土壤镉污染，而且还能获得一定经济效益，防止土壤镉进入食物链，是一种较好的生态恢复模式。

植物不仅对镉具有较好的吸收能力，还对其他重金属元素也有较好的吸收能力。如四川省大头茶常绿阔叶林对重金属 Cu、Zn.Mn、Pb、Cd 有较强的吸收能力，且主要积累在植物体根部和茎部（孙凡等，1998），因树根和树干是不易被消费者直接啃食的部分，这样就减少了向次级消费者提供重金属的可能性；当树被采伐后，也起到了净化土壤的作用。除此之外，草原生态系统对土壤重金属也有很好的吸收净化效果。

四、我国生态环境建设与生态恢复

（一）黄河上中游地区

虽然该区域生态环境问题最为严峻的是黄土高原地区，总面积约 $64 \times 104km^2$，是世界面积最大的黄土覆盖地区，气候干旱，植被稀疏，水土流失十分严重，是黄河泥沙的主要来源地。生态环境建设应以小流域为治理单元，以县为基本单位，综合运用工程措施和生物措施来治理水土流失，尽可能保证泥不出沟。陡坡地应退耕还林还草，适当增加一定的经济投入，恢复森林植被和草地。在对黄河危害最大的砂岩地区大力营造沙棘水土保持林。妥善解决耕地农民的生产和生活问题，推广节水农业，积极发展林果业、畜牧业和农副产品加工业。

（二）长江上中游地区

该区域生态环境复杂多样，水资源充沛，但保持水土能力差，人均耕地少，且旱地坡耕地多。生态环境建设应以改造坡耕地为主，开展小流域和山系综合治理，恢复和扩大林草植被，控制水土流失，保护天然林资源，停止天然林砍伐，营造水土保持林、水源涵养林和人工草地。有计划地使 25° 以上的陡坡耕地退耕还林还草，25° 以下的坡地改修梯田。合理开发利用水土资源、草地资源和其他自然资源，禁止乱砍滥伐和过度利用，坚决控制人为的水土流失。

（三）三北防护林地区

该区域包括东北西部、华北北部和西北大部分地区。这一地区风沙面积大，多为沙漠和戈壁。生态环境建设应采取综合措施，要大力增加沙区林草植被，控制荒漠化扩大。以三北风沙为主干，以大中城市、厂矿、工程项目为重点，因地制宜兴修各种水利设施，推广旱作节水技术，禁止毁林毁草开荒，采取植物固沙、沙障固沙、引水拉沙造田、建立农田保护网、改良风沙农田、改造沙漠滩地、人工垫土、绿肥改土、普及节能技术和开发可再生资源等各种有效措施，减轻风沙危害。因地制宜，积极发展沙漠产业。

（四）南方丘陵红壤地区

该区域包括闽、赣、桂、粤、琼、湘、鄂、皖、苏、浙、沪的全部或部分地区，总面积 $120 \times 10^4 km^2$，水土流失面积大，红壤占土壤类型的一半以上，广泛分布在海拔 500m 以下的丘陵岗地，以湘赣红壤盆地最为典型。生态环境建设应采取生物措施和工程措施并举，加大封山育林和退耕还林力度，大力改造坡耕地，恢复林草植被，提高植被覆盖率。山丘顶部通过封山育林治理或人工种植治理，发展水源涵养林，用材林和经济林，减少地表径流，防止土壤侵蚀。林草植被与用材林、薪炭林等分而治之，以便充分发挥林草植被的生态作用。

（五）北方土石山区

该区域包括京、冀、鲁、豫、晋的部分地区及苏、皖的淮北地区，总面积约 $44 \times 10^4 km^2$，水土流失面积约 $21 \times 10^4 km^2$。生态建设应加快石质山地造林绿化步伐，开展缓坡修整梯田，建设基本农田，发展旱作节水农业，以提高单位面积产量，多林种配置开发荒山荒坡，陡坡地退耕还林还草，合理运用沟滩造田。

（六）东北黑土漫岗区

该区域包括黑、吉、辽大部分及内蒙古东部地区，总面积近 $100 \times 10^4 km^2$，这一地区是我国重要的商品粮和木材生产基地。生态环境建设应采取停止天然林砍伐、保护天然草地和湿地资源、完善三江平原和松辽平原农田林网等主要措施，综合治理水土流失，减少缓坡面和耕地冲刷，改善耕作技术，提高农产品单位面积产量。

（七）青藏高原冻融区

该区域面积约 $176 \times 10^4 km^2$，其中水力、风力侵蚀面积总 $22 \times 10^4 km^2$，冻融面积 $104 \times 10^4 km^2$。绝大部分是海拔 3000m 以上的高寒地带，土壤侵蚀以冻融侵蚀为主。生态建设应以保护现有自然生态系统为主，加强对天然草场、长江源头水源涵养林和原始森林的保护，遏制不合理开发。

（八）草原区

我国草原面积约 $4 \times 10^8 hm^2$，主要分布在内蒙古、新、青、川、甘、藏等地区。生态建设应保护好现有林草植被，大力开展人工种草和改良草种，配套建设水利设施和草地防护林网，提高草场的载畜能力。禁止草原开荒种地。实行围栏、封育和轮牧，提高草畜牧产品加工水平。

第四节　自然保护与自然保护区的建设

一、自然保护

（一）基本概念

自然保护开始是以保护动植物为主，到现在已远远超出保护动植物的范围了。人类利用自然，最先发生和发现自然资源衰减问题的是动植物资源，所以动植物的保护也是最先受到注意。在我国近代自然保护中，也反映出这样一种趋势。20 世纪 70 年代以来，由于环境污染和资源的过度利用，在受到了大自然的惩罚之后，才逐渐注意到自然整体的自然保护问题。

保护这一概念的含义本身也有一个发展过程。最初提出的保护实际上指保管（keeping）和保卫（protection），如我国古代的自然保护措施，"不时"则"不入""不围""不取"等。今后所用保护的含义是保存（preservation），不仅要保护现存的生物体，而且还要保护物种及其赖以生存的环境。近代保护的含义才有保护（conservation），所以自然保护是指人类用科学的方法对生态系统和人类文明加以保护，特别是自然环境和自然资源。自然保护的中心是保护和科学地开发利用自然资源，实现资源越用越多，越用越好，使人类的经济发展与环境能够进行最大限度的协调。

（二）自然保护的理论基础

生态学是研究生物与环境相互关系的科学，生态系统是研究生物系统与环境系统之间相互关系的一种综合体。自然保护实际上就是对各种生态系统进行保护，而生态平衡理论则是自然保护的理论基础。也就是说在进行自然保护的过程中，一定要以生态学原则为指导，采取行之有效的措施和对策。生态学所揭示的规律和原理是自然保护的理论基础。

1. 物种共生原理

在自然界中存在着性质不同的各种生态系统，各系统以及同一系统内的各种生物都有着错综复杂的联系，特别是在生态位和化学信息通讯系统方面。一个系统或系统内一个物种的变化对生态系统的结构和功能均有很大的影响，这种影响有时能在短时间内表现出来，有的则需要较长的时间。充分认识到这一点，提高物种和生态系统的多样性，便能获得更高的互助共生效益。

2. 能量流动和物质循环原理

在自然生态系统中，能量的单向流动和物质循环是生态系统的基本规律。显然能量在生态系统内沿食物链转移时，每经过一个营养级，有一部分能量就要以热能的形式扩散到空气中，无法再次回收利用。因此在开发利用资源时，应该设计多级利用系统。而物质在生态系统中是循环利用的，这种循环是一切自然生态系统自我维持的基础。如果系统内存在有毒物质，在循环的过程中，有毒物质会在循环过程中放大，对系统和人类产生直接和间接的危害。

3. 物种和生相克原理

生态系统中的相生相克源于系统中的食物链，系统中的能量通过食物链进行转化，物质通过食物链传递，延长食物链，增加食物链的分支，有利于生态系统的稳定和环境保护。

4. 生态位协调稳定原理

生态位主要指某一物种或种群在生态系统内能最大限度的利用环境中的物质和能量的最佳位置，即人们通常所说的给物种在生态系统中定位。生态位和种群是对应的，也就是说一个生态位只能容纳一个特定的生物种群。在自然生态系统中，随着系统的演替向顶极群落阶段发展时，其生态位数目渐增，物种多样性指数增加，空白生态位逐渐被填充，生态位逐渐被饱和，构成复杂稳定和网络结构的生态系统。人工生态系统由于物种单一，生态位不饱和，是一种偏途顶极，当人为控制因素消除后人工生态系统易发生变化，是一种不稳定的生态系统。

5. 边缘效益原理

两个或多个不同生物的地理群落交界处，往往结构复杂，会出现不同生境的种类共生，种的数目和种群密度变化比较大，某些物种特别活跃，生产力相对较高。例如森林和草原的交接处，鸟的种类很多；在海湾、河口处鱼类最复杂最活跃；旱涝交替的湖滨，植物适应不良环境的能力较强等等，都是自然生态系统的边缘效应。

边缘效应的产生，主要有如下几个原因：

第一，种间竞争：生态系统的演替，是一个不断竞争边缘生态位的过程。凡较适应边缘带环境的或食物链上占优势地位的，以及在共生种间具有促进性他感作用的种群得到发展。如果各个物种在边缘带竞争的结果是各司其能，各得其所，相克相生，连环相依，形成高效的物质和能量共生共享网络，那么该边缘带必然物种密集，生产量大。

第二，加成效应：每个生物种在生态系统中实际占有的生态位，由于环境条件的限制，要差于理想生态位，因此，生物具有一种实际生态位向理想生态位靠拢的潜在趋势，边缘带的环境为生物提高实际生态位创造了条件，边缘带具有较优势的生态位，因而种群密度较大，种群较活跃，种群生产力也较高。

第三，协合效应：植物对同一生态因子的利用强度与其他生态因子的状况有关。边缘地带的各种生态因子并不是简单的加成关系，对于某些特定物种来说，其固有的生态习性，是在长期的演替过程中，不断地占领边缘，利用边缘而来的，它们一旦与边界异质环境处于合适的生态位相"谐振"时，各个因子之间就会产生强烈的协合效应，使种群增大，生产力增高。

第四，集富效应：边缘地带在生态系统中是多种应力交叉作用的一个子系统，与其他一般子系统相比较，更为复杂、异质和多变，信息较丰富，进而刺激了各子系统中对住处需求高的种群，甚至外系统的种群向边缘地带集结。

（三）保护和开发利用

保护的目的是为了更好地开发利用，而不是单纯保存；保护的目的是尽可能减少破坏，以至于减少自然生态环境治理的费用。开发利用的目的是为了获取长期的经济效益，而不是短期的经济效益，这一点与保护的观点在理论上来讲是相同的。但现实在多数情况下与此观点不相符，主要原因是人们对自然环境和自然资源的理解不够。

1. 关于土地的保护和利用的观点

土地是一种资源，是人类生产活动和生活活动的场所，具有使用价值，遭受破坏后，可用影子价格（既有经过劳动，又有未经过劳动的同一类物品同时作为商品进入市场的时候，前者就成为后者的一种影子价格）来衡量对土地所造成的经济损失。

对于土地的利用，应根据土地的质地、结构、地貌、土壤肥力等因子来研究土地的用途。因土地的质量与植被的破坏、草原的退化、利用强度等因素紧密相关，因此，对土地的保护首先应注重植被的保护，利用也应充分考虑不要破坏自然植被，这是一条利用和保护土地的原则。

2. 关于生物济源的保护和利用的现点

生物资源包括植物、动物和微生物3个成分。处理保护和利用关系的关键在于如何认识生物在保护环境中的重要作用，如何做到生物资源的可持续发展。

森林是重要的生物资源，除能提供木材外，在环境保护中还具有涵养水源、保持水土、防风固沙、调节气候、维持碳氧平衡、阻滞粉尘、净化大气、美化环境等功能，因此利用森林资源时应权衡直接的经济效益和间接的生态效益。对森林资源的开发利用，最好的方法应是分而治之，即把集经济效益和生态效益于一体的森林合理地分解为生态防护林和集约经营林。对动物的开发利用也同样如此。

微生物是很宝贵的生物资源，除降解动植物有机体残体外，还能降解环境中的有害物质，净化污水。微生物的净化污水的这一重要作用，在污水的生物处理中应用相当广泛。如优势菌处理印染废水中水解池的脱色，有机污染物在海水中的生物降解，氯代芳香化合物的生物降解，造纸废水中有机氯化物的酶处理，等等。

3. 关于矿产纤源的保护和利用的观点

矿产是指地球岩石中，那些组成岩石的矿物具有一定用途和开采价值，便形成矿产，矿产是社会生产发展的重要物质基础，所以又称矿产资源。随着人类社会不断向前发展，人类正在迅速地消耗着各地质年代逐渐富集和储藏起来的矿产资源。由于矿产资源的地质过程非常缓慢，所以被称之为不可更新资源。对于不可更新资源的利用，要以节约为主，因为矿产资源的再循环利用比较困难，有些甚至几乎是不可能的。

二、自然保护区

（一）基本概念

自然保护区，是指在一定的自然地理景观或典型的自然生态类型地区划出一定的范围，把受国家保护的相应自然资源，特别是珍贵稀有濒于灭绝的动植物资源，以及代表不同自然地带的自然环境和生态系统保护起来，这样划分出的地区范围就叫作自然保护区。

（二）自然保护区的意义

自然界中各种生态系统，都是生物及其环境在长期的历史发展过程中形成的，在各种自然地带保留下的具有代表性的天然的生态系统，是大自然留给人类的遗产，是极为珍贵的自然界原始"本底值"。

1. 自然保护区是生物物种的天然贮存库

具有一定面积的自然保护区能够保存各种生物赖以生存的环境条件，可为人类未来的各种需要提供宝贵的"基因"材料。目前，世界上有许多生物种由于自然条件变化或人为的干预，已处于稀有和濒临灭绝的状态，建立自然保护区，对于促进这些物种的繁衍极为重要。

2. 自然保护区对维护自然环境生态平衡有一定的作用

自然保护区由于受到了人们的特殊保护，使得自然保护区内的生物物种也能更好地生长发育，发挥生态效益。

3. 自然保护区是科研、教育和旅游的重要基地

自然保护区内有珍稀的动植物物种，有典型的自然景观，能为科研、教学和旅游提供基地。

（三）自然保护区的发展

1. 保护区的国际发展现状

随着保护事业的发展以及在人类社会中日益增长的重要地位，自然保护区的数量和面积迅速增多，国际性保护组织随之产生并在不断地扩展和完善中。如国际自然和自然资源保护联盟（International Union for Conservation of Nature and Natural Resources IUCN，1984），它的主要目的在于促进和解决对世界范围内的自然资源的保护和合理利用的问题；世界自然基金会（World Wild Fund for Nature，WWF），前身是世界野生生物基金会，目的是依靠捐款来资助保护项目；人与生物圈计划（Man and Biosphere Programme MAB，1968），宗旨是让社会科学与自然科学结合起来，通过全球性的科学研究、培训及信息交流，为生物圈自然资源的合理利用和保护提供科学理论依据；联合国环境规划署（United Nations Environment Programme UNEP，1973），目标是通过多学科研究，为生物圈资源的综合与合理管理和保护人类本身及其生态系统提供先进的知识，为保护与改善生态环境而努力。之后，许多重要国际自然保护指导性文件相继问世，保护区类型系统得到了长足发展，各种国际性保护公约相继签订。

2. 国内的发展现状

我国的自然保护区在 20 世纪五六十年代，其数量和面积均比较少，到 70 年代，保护区在数量和面积上均没有变化，70 年代以后，保护区的数量和面积增加了许多。此外，保护区的类型已由单一的禁伐区发展到了数 10 个类型，如科学保护区、国家公园和省级公园、自然纪念物、自然资源保护区、需保护的陆地和水域景观、自然生物区、多种用途的经营区、生物圈保护区、世界遗产地。

（三）自然保护区学科面临的问题

1. 资源问题

虽然我国疆域辽阔、资源丰富，但由于开发历史悠久，有不少地方的资源处于恶性循环之中；人口众多，眼前利益要求迫切，对资源压力甚大；许多地方生态系统脆弱，自我调节能力低；对生物资源属性的认识不足，利用与管理水平低。所以我国资源及其生境的破坏十分严重，并在持续加剧之中。

2. 保护概念的演变问题

在国家公园初建时期，自然保护的概念只是作为保护起来一块供旅游欣赏的场所，只具有保存的意思。到 20 世纪 40 年代末国际自然和自然资源保护联盟成立时认为自然保护是明智与合理的利用自然与自然资源，因为不利用自然与自然资源人类就无法维持生活。1978 年在 IUCN 第十四届大会上，对自然保护的概念认为是"对人类所利用的生物圈及其内的生态系统和物种的管理，旨在使它们既可为当代人提供最大的持续利益，又可为世世代代保持满足他们需要和渴望的潜力"，并把永续发展作为自然保护的一个组成部分。1980 年在《世界自然资源保护大纲（World Conservation Strategy WCS）》中对该定义进一步明确保存、维护、永续利用、恢复和对自然环境的改善。

3. 经营管理的问题

已建的保护区大多数没有经营或经营水平低,保护区的作用没有得到很好的发挥。

4. 威胁的问题

威胁是指自然界某些具有价值的特点处于降质或破坏的危险之中。它是当前自然保护上存在的最大、最严重、最亟待解决的大问题。

第六章　生态环境自动监测系统研究

第一节　环境自动监测系统的基本理论

一、地表水水质监测系统

（一）系统构成

水质自动监测系统是运用现代传感器、自动测量、自动控制、计算机等高新技术，以及相关的专用分析软件和通信网络，所组成的一个综合性的在线自动监测体系。水质自动监测系统的子站一般由监测站房、采样系统、水样预处理系统、在线自动分析仪器系统、系统控制、数据采集及通信系统六个主要子系统构成。多个水质自动监测子站通过现代传感器、自动控制、计算机等高新技术，与相关专用分析软件及通信网络有机结合即构成水质自动监测系统。

（二）选址要求

采样位置和采样参数是水环境监测质量的重要保障。因此，要全面、准确地获得地表水环境质量状况，建立合理、具有代表性的地表水环境监测网络体系至关重要。水质自动监测技术的发展，为实施流域综合治理和水质监控提供了科学的依据，也为环保部门加强统一监管赢得了主动。

1. 一般要求

监测断面的代表性应根据断面的功能确定，保证自动站监测的数据能代表需要监测水体的水质状况和变化趋势。各种功能的监测断面的一般要求是：监测断面应选择在平直河段，水质分布均匀，流速稳定；距上游支流汇合处或排污口有足够的距离，以保证水质的均匀性，一般监测断面距上游入河口或排污口的距离不少于1公里；监测断面尽可能选择原有的常规监测断面上，保证监测数据的连续性。

2. 功能断面的要求

根据环保管理需要，水质自动监测站点按功能断面不同，应设置在背景断面、交接断面、出入河（湖）口、入海口和控制断面。各功能断面设置时应根据不同的要求，保证监测断面的水质具有代表性。

（1）背景断面

背景断面应选择在河流干流或重要支流的上游，断面以上基本没有受到人类活动的影响，能反映河流的自然水质状况；断面应设置在最上游市、镇的上游，距市镇的距离不得超过 50 公里。

（2）省界或市界断面

交界断面应选择在交界线下游第一个市、镇的上游；监测断面至交界线之间不应有明显的排放口，能准确地反映上游地区流入下游地区的水质状况。若交界线下游不具备建站条件时，亦可选择在上游靠近交界线的断面，而且在监测断面至交界线之间没有排放口。

（3）入河、入湖、入海口断面

入河（湖、海）口断面的位置应尽可能设置在靠近河流入上一级河流、湖泊、海处，但是基本不受潮汐或回流的影响；断面应在靠近入口的市、镇的下游，不应设置在市、镇的上游；入海口断面若受海洋潮汐影响时，需要保证水中的氯离子的浓度符合仪器的要求，否则不具备建站条件。

（4）国界断面

国界和出入境断面的水质代表性要求与断面一致，但只设置在国境以内；出入境断面与国境线间基本没有排污口。

（5）趋势断面

趋势断面主要功能是评价河流（或河段）、湖泊、水库的整体水质现状和变化趋势，其水质代表性的空间尺度有一定的差异，故既要根据评价的水体空间范围来确定断面的水质代表性，又要根据可行点位的实际空间代表性。因此，趋势断面应选择在评价河段、湖、库的平均水平位置，避开典型污染水区、回流区、死水区；断面上游 1000 米和下游 200 米处没有排放口；若在城市附近则应设置在城市上游的对照断面或下游的消减断面。

（6）控制断面

控制断面是监视污染源对水体的影响的特殊断面，不作为评价水体整体水质的断面，故断面应设置在污水排放的影响区内，一般断面设置在排放口下游 100 米左右，城市段设在原控制断面。

（三）监测因子

最初的水质自动监测仪器，监测的因子较少，仅包含水温、pH、溶解氧、电导率、浊度等项目。随着自动监测技术的成熟，现阶段 COD、高锰酸盐指数、总有机碳（TOC）、氨氮、总氮、总磷、氟化物、氯化物硝酸盐、亚硝酸盐、氰化物、硫酸盐、磷酸盐、活性氯、总耗氧量（TOD）、生化耗氧量（BOD）、油类、酚、叶绿素、毒性、金属离子（如六价铬、砷、锌、镉、铜、汞、金属铅、锑、铁等）等检测项目均已能通过自动监测系统进行监测。自动传输极大地拓展了水质自动监测因子，为更全面掌握水质状况提供了很好的帮助。

pH：反映水体的酸碱性。水体中藻类植物的生长会对表层 pH 值产生影响，天然水体中 pH 值一般为 6—9。

溶解氧：指在水中溶解的分子态氧的含量。一种表征水体质量的重要指标。当水体中有机物污染较大时，通过细菌的作用可以分解有机污染物质，水体中溶解氧将变低，对水体生物产生危害。

电导率：表示水体的纯净度。体现水体的导电能力，间接表示水体中导电离子的含量。

浊度：水中含有的泥土、粉砂、微细有机物、无机物、浮游生物等悬浮物和胶体物都可以使水体变得浑浊而呈现一定浊度。

化学需氧量：判断水体受有机物污染程度的重要指标。

高锰酸盐指数：地表水受有机污染物污染程度的综合指标。

总有机碳：以碳含量表示水体中有机物质总量的综合指标。TOC 的测定一般采用燃烧法，此法能将水样中有机物全部氧化，可以很直接地用来表示有机物的总量。因而它被作为评价水体中有机物污染程度的一项重要参考指标。

氨氮：在水体中，一般以游离氨、氨气（NH_3）与铵根离子（NH_4^+）的形式存在，氨氮的含量通过含氨（N）元素的量来表示。生活污水与焦化和合成氨工业等企业的工业废水、农田使用的肥料等的流入会对水体中氨氮的含量产生影响。

总氮：指水体中所有含氮化合物的总量。用于评价水体的营养程度及污染水平。

总磷：一种表征水体有机质的指标。在水体中总磷含量较高时，藻类植物生长将加快，导致水华（亦称赤潮）的发生，并且扰乱水体平衡。

氟化物：判断水质的一种重要指标。

锡：具有较强毒性，通过损害肝肾功能等影响人体健康，具有致癌、致畸作用。

铅：重金属的一种，可通过影响神经系统和造血系统对人体健康造成严重危害。

砷：元素砷的毒性含量极低，化合物砷却有剧毒，尤其是三价砷化物。它可以通过消化道和皮肤、呼吸道的接触，潜伏于人体中，对人体产生慢性砷中毒及致癌等危害。

二、城市空气自动监测系统

（一）系统构成

环境空气质量自动监测系统是由监测子站监测中心站和质量保证实验室构成。其中空气环境监测子站包括采样系统、气体分析仪器、校准装置、气象系统、子站数据采集等。子站监测的数据通过电话线传送至环境监测中心站进行实时控制、数据管理及图表生成，可实现对区域空气全天候、连续、自动地监测。监测子站包括污染物监测单元、气象单元、自动校准单元、数据采集单元、远程数据通信设备等。各单元的协同作用，对采集的样品进行预处理、分析，在中心计算机的指令下，输出监测数据。

（二）选址要求

1. 代表性

能客观反映一定空间范围内的环境空气质量水平和变化规律，客观评价区域、城市环境空气状况，分析污染源对环境空气质量造成的影响，为公众提供环境空气状况健康的引导。

2. 可比性

尽可能保持同类型监测点设置条件的一致，使各监测点间监测的数据具有可比性。

3. 整体性

应综合考虑城市自然地理、气象、工业布局、人口分布等因素，从整体上合理布局，协调各个监测点，在布局上反映城市主要功能区和主要大气污染源的空气质量现状及变化趋势。

4. 前瞻性

布设点位时，应结合城乡建设规划，确保在一定时期内能适应未来城乡空间格局的变化。

5. 稳定性

确定监测点位置后，如没有特殊情况，不得对点位位置进行更换，确保监测资料的连续性和可比性。

（三）城市空气自动监测系统监测因子

二氧化硫是大气主要污染物之一。自然界含硫矿石的分解、火山喷发、工厂排出

的尾气、含硫燃料的燃烧均能导致二氧化硫的产生。当大气中二氧化硫的浓度高于
11.2 毫克 / 立方米时，将对人体的健康产生轻微影响；在 22.4 ~ 67.2 毫克 / 立方米时，
人的感觉系统会受到刺激；在 8960 ~ 11200 毫克 / 立方米时，人将出现溃疡、肺水肿
甚至窒息死亡的情况。二氧化硫与大气中的烟尘能因协同作用产生更大的危害。当大
气中二氧化硫的浓度为 4.704 毫克 / 立方米，烟尘的浓度大于 0.3m 毫克 / 升时，将提
高呼吸道疾病的发病率，迅速恶化慢性病患者病情。

二氧化氮是一种氮氧化物，是大气主要污染物之一。在机动车、电厂废气的排放
高温燃烧过程中，会产生大量的二氧化氮。因其具有强烈的刺激性和腐蚀性，在空气
中含量较高时，将对人体的呼吸道产生影响，可导致迟发性肺水肿、成人呼吸窘迫综
合征等。同时，对植物与鱼类等其他生物也产生不同程度的损害。

细颗粒物（PM10）又称为可吸入颗粒物，是指环境空气中空气动力学当量直径小
于等于 10 微米的颗粒物。一部分来源于烟囱与车辆等污染源的直接排放，另一部分来
源于环境空气中硫氧化物、氮氧化物、挥发性有机化合物及其他化合物互相作用。因
其在环境空气中持续时间长，所以其污染范围较广。根据地点、气候等的不同，其物
理与化学特性有较大差异。它对人体的呼吸系统影响较大，能诱发多种疾病，同时对
环境产生散射阳光、降低大气的能见度等不利影响。

一氧化碳因其无色、无味、无臭的特性，容易导致人体窒息死亡。它是大气的一
种主要污染物，在含碳燃料的不完全燃烧、汽车尾气、工厂排放和人群吸烟等时均能
产生。

臭氧在漂白剂、除臭剂以及空气和饮用水的灭菌剂中运用较广。在燃烧汽油和煤时，
氮氧化物气体（NOx）和挥发性有机化合物（VOC）作为燃烧的副产物，在高温的作用下，
与氧气反应后，会形成对空气污染的对流层臭氧。臭氧具有强烈的刺激性，当吸入过
量时，会对人体健康造成一定的损害。

细颗粒物（PM2.5）指环境空气中空气动力学当量直径小于等于 2.5 微米的颗粒物。
它可以较长时间地悬浮在空气中。PM2.5 的来源分为人为源和自然源，成分较复杂。
人为源主要来自化石燃料的燃烧、汽车尾气和工厂排放等，自然源主要包括土壤扬尘、
海盐、植物花粉、孢子、细菌等。PM2.5 的穿透力很强，在人体中可进入细支气管壁，
对肺内的气体交换进行干扰。PM2.5 表面积较小，容易吸附有毒有害物质，例如，有
毒微生物、重金属等，容易导致哮喘、肺癌、心血管等疾病的发生，损害人体呼吸系
统和心血管系统。

三、污染源自动监测系统

污染源自动监测系统指在污染源现场安装的用于监控、监测污染物排放的仪器、流量（速）计、污染治理设施运行记录仪和数据采集传输仪等仪器、仪表，是污染防治设施的组成部分。水污染源自动监控系统、烟气污染源在线监控系统在我国运用较广泛，扬尘噪声在线监控系统等在个别地区有少量应用。

水污染源自动监测设备一般由采样设备、废水在线监测仪器、数据采集设备、数据传输设备、通信设备和终端接收设备等组成，包括化学需氧量在线自动监测仪、氨氮在线自动监测仪、总磷在线自动监测仪、总氮在线自动监测仪、DO 计、电导率仪、流量计和超标留样器等设备。

烟气排放连续监测系统（CEMS）主要包括四个部分，分别为数据处理子系统、颗粒物监测子系统、气态污染物监测子系统、烟气排放参数子系统。其中，排放烟气的烟尘含量主要通过颗粒物监测子系统进行监测，排放烟气的 NOx、SO_2、CO 等以气体形态存在的污染物含量由气态污染物监测子系统监测，排放烟气的压力、温度、含氧量、湿度等参数，由烟气排放参数监测子系统监测，同时根据污染物排放量的技术要求与环保计量要求，将污染物的浓度计算成规定过剩空气系数中和标准干烟气状态下的浓度。测量数据的采集、存储与统计、输出则通过数据处理子系统功能完成，要求传输符合环保部门要求的格式稳定、实时传输。

第二节　污染源自动监测系统的运用

一、污染源控制及应用背景

国家有关环境管理部门主要通过制定排污标准、控制污染物排放等实施污染源控制。对超标排放或超出总量排放，将结合有关规定对排污企业实行经济处罚。通过污染源控制，迫使企业加强污染治理，从而达到切实有效的环境管理状态。

（一）污染源及其类型

污染源是指造成环境污染的污染物发生源，通常指向环境排放有害物质或对环境产生有害影响的场所、设备、装置或人体。任何以不适当的浓度、数量、速度、形态和途径进入环境系统，并对环境产生污染或破坏的物质或能量，统称为污染物。随着社会经济的发展，人类在开发自然的同时，也对周边环境造成了严重的破坏。

污染源有多种分类标准。按属性可分为天然污染源和人为污染源。天然污染源指自然界自行向环境排放有害物质或造成有害影响的场所，如火山爆发等。人为污染源是指人类社会活动所形成的污染源，如汽车尾气、工业污染物排放、生活废物和废水排放等。人为污染源是环境保护研究和控制的主要对象。按照排放污染物的种类，可分为有机污染源、无机污染源、热污染源、噪声污染源、放射性污染源和同时排放多种污染物的混合污染源等。按照污染的主要对象，可分为大气污染源、水体污染源和土壤污染源等。按人类社会功能，可分为工业污染源、农业污染源、交通运输污染源和生活污染源等。而控制污染源是防治环境污染、改善环境质量的根本。

污染源控制（Pollutant Source Control）通常的定义为：在污染源调查的基础上，运用技术、经济、法律以及其他管理途径和措施，对产生污染物的源头进行监测、控制，尽可能地削减污染物的排放量。

（二）污染源控制现状

为达到人与自然和谐相处，必须加强污染源控制，要求企业达标排放，预防污染事故发生，避免人类健康安全遭到威胁，减少因环境污染带来的直接或间接经济损失。我国环保管理部门通过制定污染物达标排放标准、排放速率、排放量实施污染源控制。环境监察机构实施现场环境执法监督检查，环境监测机构适时进行现场取样监测。

中国环境监测事业从无到有，从弱到强，监测技术手段日益现代化，人才队伍不断壮大，业务领域不断拓宽，综合与管理技术水平不断提高，国际合作与交流不断发展，监测科研不断深入，环境管理服务效能也在不断提高。

但是，现在的环境监测系统，越来越无法胜任复杂的环境形势。一方面，由于地区之间经济发展水平的差异以及城乡之间的差异，导致环境监测差异化非常明显，城市工作相对做得较好，农村基础建设水平相对较差。

随着城市环保力度的加强，一些污染超标的小企业开始向农村区域蔓延，同时由于农村城市化进程的加速，工业及城市污染向农村转移的现象比较明显。农村地区环保观念、设施以及相应环保技术支撑体系都很欠缺，城乡环保差距明显。国家已计划建成全国性的农村空气监测站网络。

除了城乡差异，环境保护以及环境监测面临最大的问题，恐怕还是管理体制和机制方面的问题。为应对环境挑战，中国需加强环境和其他部门的协调，加大环境执法力度和健全环境监督机制。我国的环境法律没有得到很好地执行。此外，环保部门和有关部门的协调机制也没有充分建立起来。

（三）污染源自动监控的应用背景

城市农村、管理体制机制等方面的问题，在一定程度上制约了环保部门靠跑现场实施环境监管的传统管理模式的效能，通过信息技术手段实施污染源自动监控，能达到在线实时排污状况的监督，能及时有效发现问题并实施相应的环境管理措施。因此，在现代化的管理形式下，污染源自动监控的建立和使用已刻不容缓。

1. 污染源自动监控的意义

为什么要建设环境自动监控系统？污染源自动监控系统的出现，有它的相关背景。

（1）时代的需求

随着我国社会经济的持续快速发展，人民群众对环境质量的要求越来越高，环境保护的压力越来越大，环保部门的常规监测手段和传统管理方式已远远无法满足实际环保工作的需要。

（2）先进技术的应用

由于改革开放带来的技术进步，各种新技术在我国得到普遍应用。环境监控系统作为环境监管的网络化、数字化、现代化和信息化管理手段，通过对环境质量和污染源动态地、实时地监控，可以快速高效发现并打击环境违法行为；可以实施远程环境预警、环境应急报警和指挥调度，防止污染事件的发生，保证环境安全；可以为污染物总量减排、排污收费、生态补偿等环境管理工作提供及时、准确、全面的数据支撑。

（3）国家行政管理的需要

通过环境质量和污染源实时监控，可以掌握环境的大量信息，大大提高环境监管效能；通过对海量监控数据整理分析，可以掌握区域、流域、行业污染源的结构、分布和污染贡献，以及污染源和环境质量之间的相应关系，为污染源治理、污染物总量控制提供基础支撑。

（4）行政执法的需要

随着我国人口迅速增长、经济快速发展，人们对环保工作的要求越来越高，环境管理事务更广、要求更严，多年来环保部门人少事多、经费紧张、监管装备等能力建设滞后，企业经营者始终追求利润最大化，往往擅自停运污染治理设施、隐瞒污染状况违法排污，同时各个工矿企业散建于各地，监管人员即使马不停蹄地赶赴现场，大量违法排污企业也已停止违法行为，治污设施也已正常运行，基本难以取证。

（5）公共管理提升的需要

过去常规环境管理，实行按月、按季监测，监测数据不具有连续性，很难客观、准确地反映排污企业实际排污状况，以此作为排污收费测算、排污总量控制、环境影响评价、环境监察执法等依据均十分片面。由此，沿用固有的常规监测手段和管理方法已很难满足复杂多变的环境影响的实际需要。因此，对企业排污口实施规范化管理，安装自动监测仪，与环保部门联网，实现对企业排污的远程连续监控，通过部、省、市三级联网，加强各级环境管理人员实时在线监控，切实解决企业偷排漏排、人工监测数据片面等问题已势在必行。

2. 污染源自动监控与自动监控系统

污染源自动监控系统的出现，可谓应运而生，具有鲜明的时代背景。

污染源自动监控系统属于环境自动监控中的一个子系统。环境自动监控是一个科技新名词，是中国环保道路上的新生事物。环境自动监控就是在点、线、面源的合适点位上，安装各种自动监测仪器仪表和数据采集传输仪器，通过各种通信设施与环境监控部门的通信服务器连接，实现在线实时通信，这种传感器感知的点位环境状况，源源不断地传送到环保部门，并储存在海量数据库服务器上，供环保信息化的各种应用系统运用。

环境监控系统包括环境生态卫星遥感（宏观、生态监控）、环境质量自动监控（区域流域、线源、面源）和污染源自动监控（微观、点源），三个空间尺度的监控构成立体的、全覆盖的、全方位的环境监控体系。环境监控系统是利用现代化环境监测技术和信息网络技术，对环境状况实行全过程监督控制的管理系统，它是现代化的立体监控网络系统。

污染源自动监控系统是结合环境检测、远程监控以及污染报警处理等的一个综合管理系统。它采用 GSM 全球移动通信技术、GPRS 无线上网、GIS 地理信息系统和计算机网络通信与数据处理技术，在现有 GSM 网的基础上开发出一套环境监控指挥系统和远程监控通信管理系统。

通过该系统，可以远程监控所有在 GSM 网覆盖范围内的特定移动目标。各类监控、报警数据通过 GSM 网络及电信有线网络传回监控服务中心。该中心还可通过 DDN 专线或电话线与 12369 呼叫中心、环保 110 事故中心或其他必要相关机构相连，将移动目标的 GPS 定位信息、求救信息、报警信息进行分类后，实时传送到相应的职能部门进行处理。

污染源的处理现场监测仪表的数据（COD/TOC、流量、pH 值、设备运转开关量等）由智能数据采集器采集处理，并通过 GPRS 模块以无线上网的方式，发回环保部门监控中心的接收服务器，环保部门监控中心软件把接收到的数据，根据通信协议解析后，存储于数据库服务器中，以实现监控中心对数据的同步监控、记录、处理等，并可根据对数据报警量的设置，实现对多路信号的自动监视，减少对人员的依赖，可做到无人值守。

监控中心可以通过系统软件发出控制信号，给各个污染源现场的智能数据采集器，智能数据采集器将收到的控制信号分别进行识别处理后，就可以将监控室的控制信号送到所设定的控制仪表和设备，进而完成各控制动作和仪表的运行状态等。

二、自动监控系统的应用价值

污染源自动监控系统建立了一整套部、省、市三级上下联通、纵向延伸、横向共享的环保物联网体系，促进了环境管理手段创新，提升了生态环境部及省、市级环保部门信息化项目管理能力，带动了环保产业大发展和科技创新。向建设具有我国特色的自动化、信息化的环境监管体系迈出了重要一步，传统的"废水靠看、废气靠闻、噪声靠听"，依靠人的主观感觉去判断的状况有了一定程度的改观，初步形成环保基础能力建设与环保工作相互促进共同提高的良好态势，为建立科学、完整、统一、国际一流的污染减排统计、监测和考核体系打下了坚实基础，为实现污染减排目标提供了有力保障。

自动监控系统数据既可以作为环保部门的管理依据，又可以用于企业生产管理。环保部门的应用主要体现在以下方面：

（一）环境监察执法方面

自动监控数据应用与环境执法的过程并非一蹴而就。最初，自动监测设备的稳定性较差，测量数据误差偏大，环境执法人员通常不会直接采用自动监测数据作为超标证据进行处罚，往往是在监控中发现超标后，赴企业现场调查取证，因此监控数据一般是作为行政处罚的案由。这种工作模式显然没有实现有效提高执法效率的目的。随着仪器设备不断改良，测量精确度和稳定性不断提高，环保部门将自动监控数据的正式运用提上日程。通过一系列法规、办法的出台，完善了用自动监控数据作为执法的法律依据。

（二）排污收费方面

排污收费是控制污染的一项重要环境政策，根据"谁污染、谁付费"的原则，运用经济手段要求污染者承担污染对社会损害的责任，把外部不经济内在化，用以促进污染者积极治理污染。传统收费测算模式：通过企业排污申报中提供的原材料消耗量或产品产量，以物料衡算法计算排污量；或者以人工监测污染源数据作为排污量的计算依据，进而通过各污染因子的收费单价测算企业总的应缴排污费金额。这两种测算办法，都具有客观局限性。前者依据物料守恒原则，通过抽检原料中某一污染因子元素的含量，减去污染治理设施去除量，计算污染物排入外环境中的量，该方法的误差主要在于原料中污染因子元素含量是抽检而不是全检，污染治理设施去除量也是经验值。人工监测污染物即人们常说的监督性监测，是环保部门对企业的例行监测，通常一个季度监测一次，把这一次监测结果视为全季度都是按此排放，从而计算整个季度排污量。该方法的误差在于以一次监测结果推算全季度排放量，具有较大误差。而在线监控数据，通过对排放参数的连续性测定，能客观真实地反映企业污染源污染因子排放浓度、排放量，较人工采样一次代表一个季度数据更具科学性和合理性，从而更加准确地计算出排污费金额。

（三）总量控制、总量减排方面

污染物总量控制一般指为满足环境质量或环境功能，而对其排放总量规定的限额。国家对 COD、SO_2、氨氮和氮氧化物四项主要污染物实施国家总量控制和减排。根据环境保护部通报全国主要污染物减排情况，我国污染减排取得积极进展，主要减排措施全面升级，减排能力得到切实提升。在总量核算中，大量使用了自动监控数据来计算排放量。

（四）环境影响评价验收方面

环境影响评价技术方法中，其中涉及环境容量、环境承载力分析及累计的相关内容，可应用污染源自动监控数据计算区域污染物排放总量，进而计算出环境容量剩余空间，为建设项目的上马提供数据支撑。污染源自动监控数据在环境影响评价中的应用还处于摸索和试用阶段，尽管如此，生态环境部环境影响评价与排放管理司在考虑一些大型项目时已逐步从污染源自动监控系统中采集数据，随着企业自动监控设备安装率不断提高，数据准确度不断提高，自动监控数据在环境影响评价的运用将越来越广泛。

（五）环境突发事件预测预警（预防污染事故）等工作方面

环保报警系统用于企业排污、污染治理设备及监测、监控设备进行实时监控，当发生排污超标、治理设施停运等非正常事件时，智能数据采集器自动识别事件类型，实时向监控中心发送报警信息，使环境监管部门能够以最快的速度及时对企业的违规行为进行纠正、制止，及时预防污染事故的发生，极大限度地避免重大经济损失及人员健康危害等。

同时，自动监控系统数据在企业生产管理中也发挥着越来越重要的作用，并且随着应用范围的扩大，兼具环保部门监督管理工具和企业污染治理设施运行控制中枢的功能。其原理是：在企业内部建设中控系统，从自动监控现场端仪器设备中采集监测数据，从污染治理设备中采集设备运行参数，各自生成趋势曲线，从而提高污染治理设施运行效率和管理水平。但是，并非所有企业都建设了中控系统，通常环保部门是要求污水处理厂、热电厂、造纸、印染、大型化工、大型水泥厂等重污染企业必须建设中控系统。中控系统在总量减排中发挥着积极作用，总量核查人员往往通过中控系统相关参数和数据间逻辑性，来判断污染治理设施运行情况和污染物排放的真实情况。例如，热电厂的脱硫设施运行状况就与生产负荷、二氧化硫进出口浓度、加石灰浆液量、pH 等参数息息相关，管理人员可以通过该系统调节加料量，确保排放稳定达标。

三、基于污染源自动控制的环保管理体制建设

（一）强化全民环保监控意识

全民参与环境监控，即不把污染源的监控仅作为政府和企业的事，而是全民参与，因为每个人都依托于一定的环境而生存，环境问题与每个人息息相关。全民参加环境监控，一方面是要做好第三方运营相关工作，另一方面是充分依赖民间的智慧和民间的力量，全民参与到环境保护的事业中。已经有一些民间组织和公益机构，包括一些民间成立的 NGO（非政府组织），已经在环境保护事业中取得了一定的成绩。比如，湖南民间环保组织"绿色潇湘"数年来坚持通过微博、网络等传播渠道，实时发布河流、空气、土壤的质量监测情况，让民众了解自己生活的城市环境状况究竟如何，同时唤起更多人的环保意识。而像"绿色潇湘"这样的民间环保组织，如今已遍布全国各地，它们通过日益专业的监测手段和环保观念，正成为官方环境监测体系的重要补充。

众多民间环保组织蓬勃生长的背后，正是民众环保意识的觉醒，全国范围内由环保引发的群体冲突时有发生。这说明在社会里，民众有了某种对环境污染的恐惧，这种恐惧一旦被激发出来，就会形成摧毁一切的破坏力量。如何顺应民众的环保需求，引导民间环保力量参与到社会环保事业中，正成为对各级政府和有关部门的考验。

应该看到，发动民间力量参与，注重第三方机构协助，已经在部分省市破冰。但想要真正促进全社会参与环保事业，除了部分地方政府实验性的先行，相关法律法规的跟进显得尤为重要。

人们应该清醒地看到，当前公众的环境意识与理性维权的意识在迅速提升，开放环境监测的空间，让全体民众享有环境知情权，已是刻不容缓的事情。这就要求相关主管部门打开环境监测的大门，引导民间组织和个人参与到环境监测中来，构建多层次、全民参与的环境监测体系，同时通过相关法律、法规的规范和监督，提高民间环保信息发布的准确性。而官方公布的环境监测信息，在公信力上应该成为民间监测信息的表率。

（二）落实监控体系管理细则

污染源在线监控系统建成后，如何正常运行并使用，落实监控体系管理细则尤为关键。下面以四川省为例，四川省监控管理实施细则包括以下方面：

1.加强污染源自动监控系统管理，提升污染源自动监控系统运行水平

四川省水污染源自动监控系统曾积累了大量的管理经验，也一度成为全国学习的典范，主要归功于严格管理。解决四川省污染源自动监控系统存在的问题，首先应该在建章立制、加大管理上下功夫。一方面，要加大对平台异常数据的研判和企业现场端的检查，严厉打击故意不正常运行污染自动监控系统或擅自闲置设备的行为，提高企业自觉维护运行的意识。另一方面，要强化对进入四川省境内开展污染源自动监控系统安装、运营公司的管理，加强对设备安装运营公司的业绩管理和考核力度，采取备案和通报相结合的方式，对在安装运营过程中，违反相关规定的，采取通报、终止备案、处罚等方式；情节严重的，依法报请环保部门停止其资格，清理出污染源自动监控设施市场。

2.加强数据分析，建立健全监控分级预警制度

应用监控软件进行数据分析与管理，定期发布数据报表，建立健全监控分级预警制度，及时发现网络掉线、数据异常、超标等情况，迅速做出监控反应，及时开展查处工作。

3.加强人员培训，提高对自动监控系统的管理能力

由于系统本身技术难度性和系统更新原因，环保监控管理人员更待加强培训，尤其是现场培训，做到理论联系实际。四川省每年将统一组织一两次自动监控系统管理专项培训，从现场端建设、现场监督检查、监控平台管理、有效性审核、数据应用等方面进行培训。信息部门负责平台使用和数据传输方面的技术培训，监察部门负责现场端建设和管理方面的培训，监测部门负责有效性审核和比对监测等方面的技术培训。通过培训，以有效提高环保人员对在线监控系统的管理能力。

4.加强环保部门内部协调配合，理顺自动监控系统管理机制

（1）现场端安装及联网验收工作

环境监察部门根据总量部门确定的重点污染源名单，参与制订自动监控设施安装计划。自动监控设施验收由监察、监测、信息部门共同完成，监察部门负责验收组织工作，监测部门负责比对验收监测，信息部门负责联网工作。

（2）监控平台运行管理

信息部门负责监控平台的运行管理。包括对监控平台的技术支撑、改良、升级和

使用培训，及时处置因网络故障引起的传输异常、掉线问题，解决传输数据不一致等问题。加大清理力度，由信息部门牵头，监测、监察部门参与，制定长效管理机制，保证后续监控数据的正常上传。

（三）建立自动监控分级预警制度

一是以内蒙古自动监控分级预警制度为例：内蒙古监控管理工作以分级预警机制体现，针对企业排污的严重程度分为白色预警、黄色预警和红色预警实施三级预警。

二是发生废水、废气监测数据缺失、数据传输不稳定，启动白色预警。

三是发生企业废水连续超标排放 6 小时以内，或当日平均排放浓度超标 0.5 倍以内，启动黄色预警；发生企业废气连续超标排放 3 小时以内，或当日平均排放浓度超标 0.3 倍以内，启动黄色预警。

四是发生企业废水连续超标排放 6 小时以上，或当日平均排放浓度超标 0.5 倍以上，启动红色预警；发生企业废水连续超标排放 3 小时以上，或当日平均排放浓度超标 0.3 倍以上，启动红色预警。

（四）改进现有环保管理体制，进一步强化自动监控系统建设和管理要求

四川省污染源在线监控系统自建设以来，经过各级环保部门多年来的努力已初具规模，并在环境管理中发挥了重要作用。但是，鉴于多方面原因，数据的应用程度与国家要求还有一定距离，为切实发挥效用，除需通过加强在线监控系统的运行管理，提高数据质量和传输率外，亟待改进现有环保管理体制。

首先，环保管理人员编制问题，尤其是环境监督执法人员编制应更好地妥善解决。如今环保管理人员编制有所增加，但根据实际环境管理工作量的要求来看，所需人员编制量还远远不够，造成省、市到县一级，系统内借调执法人员问题突出，造成现场执法管理人员紧缺。尤其是在线监控数据监督工作的开展受到很大影响。污染源在线监控系统建成后，每天需要专人值守监督在线数据并及时报告，通过执法人员分析追查异常数据产生原因，甚至需要及时派人到企业现场端查处。在人员严重不够的情况下，自动监控系统数据追查往往不能及时派出现场执法人员，给此项工作带来极大不便，从而直接影响在线监控管理工作。

其次，改变现有部门管理模式，实行垂直管理。环保机构作为当地市委、市政府组成部门，有关人事任免权归属当地市委、市政府，对当地市委、市政府有很大的依赖性，工作开展依据当地市委、市政府指导和批准。虽然要求环保与经济协同发展、环保优先，各地负责人在面临业绩考核时，经济发展也是硬杠，驱使他们在环保与经

济发展发生矛盾时，义无反顾最先考虑经济发展。实行垂直管理后，各省、市及县人事任免权不再设在当地，而是更高一级的政府部门，开展工作相对独立，执法强得起来、处罚硬得起来、环境管理严得起来，促使违法排污者更具严格遵守环保有关法律、法规和制度的意识，更积极响应有关在线监控安装建设以及设施正常运行维护要求，由此得以全面实施污染源在线监控环境管理方式，使在线监控系统得到更好、更充分的运用。

最后，将以业务为核心的环境管理体系，向以业务与技术相结合的方式转变。通过引进、培养等方式建成一支业务能力强、技术知识好的一流环境管理队伍。面对在线监控系统等信息技术类管理对象时，不再茫然，更能得心应手地强化管理，实现管得准、管得好、效果佳的状态。

第三节　城市道边空气质量自动监测系统

一、道边空气质量自动监测系统的发展背景

经济的迅速发展极大地丰富了人们的物质生活，使人们的生活水平不断提高，但与此同时，也给环境带来了严重的污染。环境污染给人类生存和社会发展带来了严重影响，各个国家都或多或少地遭受环境污染问题的困扰。环境污染问题在发展中国家尤为严重，这是由于一些发达国家为了减少重工业发展对本国环境的污染，纷纷把排放污染物严重的企业转向发展中国家，而经济落后的发展中国家为了发展经济增加就业率，不得不以牺牲环境为代价。我国作为世界上最大的发展中国家，虽然早已意识到环境污染问题的严重性，在发展经济的同时，非常注重对环境的保护，不仅采取措施预防环境污染，还及时治理环境污染，并提出了可持续发展战略和科学发展观，但我国的环境污染情况仍日趋严重。

环境污染主要分为三大类，分别是空气污染、土壤污染和水体污染，这其中又以空气污染问题尤为突出。空气污染主要来源于工业生产排放的含有二氧化硫、二氧化氮、灰尘和烟雾等多种污染物的废气；人们日常生活中燃烧煤炭所产生的污染气体，主要包括灰尘、二氧化硫和一氧化碳等；交通运输工具由于烧煤或石油而排放的废气，排放的废气中含有多种污染物；森林火灾产生的烟雾。

由于我国机动车数量的增长，机动车排放污染物总量也十分惊人。机动车尾气严重污染了道边空气，产生了很大的危害，主要表现在：

损害行人以及居民的身体健康，引起呼吸道疾病，导致生理机能障碍。当空气中污染物的浓度很高时，会使人中毒，致使人体病状恶化，甚至使人失去生命。

危害道边植被的生长。当污染物浓度很高时，会影响道边植被的正常生长，使植被叶片枯萎脱落，甚至造成植被死亡；当污染物浓度不高时，会使道边植被叶片褪绿，影响道边植被的生理机能，造成道边植被品质变坏。

对天气和气候产生十分显著的影响，如酸雨、温室效应和热岛效应等。高浓度的污染气体会减少到达地面的太阳辐射量，阻碍人和动植物对阳光的吸收，从而影响人类和动植物的生长发育。

因此，必须对道边空气加以有效的监测。我国大多数城市虽然都已经建立了空气监测站，但由于这些空气监测站基本都分布在建筑物顶上，并不能有效监测道边空气的"清洁度"。当前监测道边空气质量，主要使用环境监测车进行流动监测，这并不能建立长久有效的监测，同时这些监测结果只留给科研人员使用，民众无法及时获取信息。因此，建立道边空气质量自动监测系统刻不容缓。

二、道边空气质量自动监测系统的意义

道边空气监测工作是空气监测的重要分支，它与人们的健康密切相关。通过实时自动监测技术，建立道边空气质量自动监测系统，可以有效地获取道边空气质量数据。通过道边空气质量监测系统可以组建中大范围的道边空气监测网络，从而实现对某一区域道边空气质量的监测。监测系统可以实时采集道边空气质量数据，通过分析这些数据可以得出一段时间内道边空气质量的变化情况。对道边空气进行监测具有重大影响。

第一，将监测数据向社会公布，可以让公众及时获取道边空气质量信息，使公众合理安排自己的社会活动，为市民了解道边空气质量提供有效途径，在提高市民对道边空气质量关注程度的同时，更提高了广大市民的环保积极性。

第二，通过道边空气质量数据可以有效地对道边空气质量状况进行分析，为提供合理的道边空气保护措施提供了依据，使环境保护活动更加科学，同时大大减少保护环境的开销，实现环境保护活动和经济活动的最优配置。

第三，为环境变化趋势分析以及预测预报提供了十分丰富可靠的材料，将道边空气质量信息及时、全面地提供给政府部门，使政府部门能够有针对性地采取相应的控制和防治措施，进而有效地解决道边空气污染问题。

因此，该系统的研究具有重大的实用价值，如果能有效地将该系统推广，必将产生很好的社会效益和经济效益。

三、城市道边空气质量自动监测系统的总体设计

（一）道边空气质量自动监测系统概括

1.设计要求

道边空气质量监测在我国虽然还处于起步阶段，缺乏相应的技术规范文件，但参照生态环境部发布的《环境空气质量自动监测技术规范》和欧美等国对道边空气监测的 Technical Assistance Document（技术支持文件），道边空气质量自动监测系统，应该由监测子站和监控中心两部分构成，监测子站负责对道边空气污染物和环境气象参数进行连续自动监测，它需要实现的功能有数据的采集、处理和存储，同时将数据发送给监控中心。监控中心接收各监测子站传输的数据，先对接收的监测数据进行判别和检查，剔除错误的数据；然后对正确的数据进行统计处理和分析，并将数据存入数据库。监控中心还应具有远程诊断和报警功能。整个系统应具有一定的抗干扰能力，有故障的监测子站不得影响其他监测子站和监控中心的正常运行，系统还要具有很好的扩展性和环境适应性。

2.监测项目

道边环境中的空气污染物主要来自机动车排放的尾气，因此，道边空气监测项目主要以机动车尾气中的污染物为主。道边空气质量自动监测系统，主要监测项目有颗粒物、一氧化碳、臭氧、二氧化硫和二氧化氮，同时还对道边环境的气象参数如温湿度、风速风向和气压等进行监测。

监测项目确定之后，还需要设定各监测项目的监测指标。参照生态环境部发布的环境空气质量自动监测技术规范，规定了道边空气质量自动监测系统各个监测项目的监测指标。

3.监测子站选址

与传统的大气监测站设立在建筑物顶上不同,道边空气监测子站设立在道边,因此，对监测子站位置的选择，成为道边空气质量自动监测系统设计的关键因素之一，参照美国环保局发布的道边空气监测站的技术支持文件，可以设计出监测子站位置选择的方法。

在选择监测子站位置之前，应该先确定设立监测子站的数量，决定某个地区监测子站设立的数量与该地区人口总量和交通量繁重路段的个数密切相关。这两个因素与设立监测子站数量成正比例关系，当人口总量越大或者交通量繁重路段个数越多，则

设立的监测子站数量也越多，但在具体设计时应该将两个因素综合在一起考虑以确定监测子站数量。

监测子站数量确定之后将选择监测子站的位置，首先应该确定一系列候选路段，决定路段是否成为候选路段的关键是路段的交通量大小；其次将候选路段进行排名。进行排名的主要参考有：

年平均每日交通量：它是一个衡量标准，由路段（通常是两个方向，除非另有规定）一年的总交通量除以一年的总天数得到，它是用来表示整条道路或路段的交通量。AADT 可以用来确定相应道路的交通活动和潜在的污染物排放量。

车队混合：车队混合数据提供了道路总交通量中各种类型的车辆所占的百分比。车队混合数据用于区分轻型车辆和重型车辆。我国通常以汽车的载重量来区分轻型车辆和重型车辆，也可以用汽车的长度和车轴数来区分。获取重型汽车的数量或重型汽车占交通总流量的百分比是很重要的，因为一辆重型汽车排放的尾气量远高于一辆轻型汽车所排放的尾气量。

堵塞程度：堵塞程度是一个非常重要的因素，因为堵塞会导致车辆运行条件的改变，尤其是车辆的停止和启动，此时每辆车的尾气排放量会增加（与车辆匀速行驶时相比）。堵塞程度通常用交通拥堵指数表示，交通拥堵指数是根据道路通行情况将道路拥堵程度数字化。采用 0 到 10 来表示道路的拥堵程度，交通拥堵指数越大表明道路越拥堵，通常 0 表示道路很通畅，而 10 则表示道路很拥堵。通过以上数据对候选路段进行排名，从而创建候选位置初始列表，然后对路段进行进一步的评估以确定监测子站的最终位置。候选路段还需要评估的主要因素有道路设计、地形、路边结构和气象因素等。道路的设计可以影响车辆排放尾气量以及尾气向道路周围扩散的情况。

例如，路基的倾斜程度，道路中存在的坡道、十字路口、立交桥或其他一些用于交通合并或分散的位置。特别是当车辆行驶的道路坡度上升时会增大行驶车辆的负载，从而导致车辆在向前行驶的过程中排放更多的尾气。此外，坡道、十字路口和合并车道的存在同样会增加局部道路的尾气排放量，这是由于交通堵塞造成行驶车辆的停止、启动和加速。道路与周围地形之间的相对位置关系对污染物的扩散也有十分重要的影响。除了道路设计会影响污染物扩散的方式外，路边结构也可能影响路边污染物的浓度。这些路边结构包括隔音墙、隔音屏障、植被和建筑物，这些都会影响道路上污染物的扩散。

气象因素对污染物扩散也产生一定的影响，尤其是风速、风向和温度，因此在确定候选位置时要充分考虑候选路段的气象因素。例如，根据历史气象数据可以帮助人们确定，哪个候选位置在风的作用下所受交通污染物的直接影响更大。具体地说就是，气象因素可以提供一些提示，用以表明候选路段的哪一边所受交通污染物的直接影响更大。

除了评估上述主要因素外，还需要评估道边安全设计、基础设施和规划等次要因素。然后将所有的评估信息加入候选位置初始列表，将会得到一个比较完善的候选位置表，对候选位置表中的各个因素根据影响力的不同，设定不同的权值，经过计算可以获得最优的监测子站地址。

（二）系统整体结构与功能介绍

1. 系统设计

道边空气质量自动监测系统的功能，是监测道边空气中的主要污染物和道边环境气象参数，系统由监测子站、监控中心和无线数据通信链路三部分构成，监测子站与监控中心通过无线数据通信链路实现双向通信。监测子站安装在路边，利用气体传感器和气象参数传感器采集监测污染物和气象参数的信息，并将采集的数据进行处理和存储，然后按照通信协议将数据打包，通过 GPRS 无线网络和 Internet 网络将数据实时发送到监控中心。GPRS 无线通信网络负责监测中心与监测子站之间的数据传输，监测子站通过 GPRS 模块将数据发送至无线 GPRS 网络，然后由移动服务商转接到 Internet，最终通过合适的网络路径将数据交付给监控中心。监控中心对接收到的数据进行分析和整理后存入数据库。监控中心也可以通过 GPRS 无线通信网络向监测子站发送命令，监测子站对指令进行解析并执行。

2. 监控中心结构和功能

监控中心由主机、上位机软件和数据库组成，为提高系统的稳定性，监控中心应设立两台主机，其中一台作为备用机，以保障运行的主机发生故障后，系统还能正常运行。监控中心主机通过专用服务器连接 Internet。上位机软件是监控中心的关键，上位机软件的功能有：实现监测中心与各远程监测子站之间数据的双向传输，不仅能够接收各监测子站发来的信息，而且还可以向各监测子站发送监控中心的命令；与监测数据库建立连接，将所有监测子站的污染物浓度和气象参数等信息存储于数据库中；通过上位机软件设计一个人机交互界面，实时显示各监测子站的空气质量参数，人机交互界面还提供其他一些操作，如查看监测子站的统计信息、历史数据，使监测人员能够充分了解各个监测子站的信息。

3. 监测子站结构和功能

监测子站是对道边空气质量进行监测的载体，监测子站的设计与实现是系统开发的重要任务，它对数据的实时处理能力在很大程度上影响着系统的整体性能。监测子站负责对数据的采集、处理以及上传，一般选用嵌入式系统。监测子站主要由微处理器、数据采集模块、GPRS 传输模块、存储模块和电源模块等构成。

数据采集模块主要由光声传感器、颗粒物传感器和气象参数传感器构成。光声传感器检测污染气体浓度，颗粒物传感器检测颗粒物含量，气象参数传感器负责采集道边环境中的气象信息，主要包括温湿度传感器、气压传感器和风速风向传感器。微处理器作为监测子站的核心处理器件，负责数据的采集和处理，然后控制 GPRS 传输模块将数据发送给远程的流控中心，同时可以接收监控中心发来的命令并执行相应的操作。GPRS 传输模块是监测子站的重要组成部分，它负责将数据发送到 GPRS 网络，同时可以通过 GPRS 网络接收监控中心发送的命令。

监测子站的其他组成部分有电源模块、扩展数据存储器以及调试口，它们分别用于供电、存储监测数据以及后期的调试。

（三）道边空气质量自动监测系统涉及的关键技术

道边空气质量自动监测系统所涉及的相关关键技术有光声光谱技术和 GPRS 移动通信技术。

1. 光声光谱技术

光声光谱是一种以光声效应为基础的物质检测技术。光声效应是由著名科学家贝尔在 1880 年发现的，它是指放在密闭容器里（光声池）的被测物体试样，当被调制的激光束照射后，物体试样分子由于吸收光能而使动能增加，具有不同动能的分子之间会发生碰撞产生热能，热能会使光声池内的介质产生周期性热胀冷缩从而产生声波，产生的声波频率与调制激光束频率相同。光声光谱技术就是根据声波信号幅值确定被测物浓度的技术。

随着光声光谱技术的成熟，在检测微量气体时常采用光声光谱技术，这是由于它检测的高灵敏度。不同气体分子的化学特性决定该气体分子只能对某一特定波长的光有较强的吸收，而不吸收或很少吸收其他波长的光。根据这一原理可以通过滤光片对激光束的波长进行选择，使得激光束只能被试样气体中的被测气体吸收，从而产生声波，通过检测声波的大小，实现对被测气体的检测。

气体光声信号的产生是一个复杂的能量转换过程，它将气体浓度最终转换为声信号输出。当调制激光束照射到光声池中，光声池中的试样气体分子由于吸收特定波长的调制光子而处于激发状态；处于高能级的试样气体分子与处于低能级的试样气体分子之间相互碰撞，通过无辐射弛豫过程，使处于高能级的试样气体分子返回基态，在这个过程中由于碰撞会产生热，气体体积膨胀，光声池内的气压增大；当激光束停止照射光声池后，气体热能传递到光声池壁等环境中，气体体积收缩，光声池内的气压减小，进而产生热声波。光声池内的气体周期性的膨胀收缩，产生与调制光频率相同的热声波，可以通过声探测器测量光声信号。

光源、光声池和声音探测器的性能直接决定了光声传感系统的性能，因此在设计时需要合理地选择和设计，以提高系统的灵敏度。与传统的气体检测方法相比，采用光声光谱技术检测气体的优点有：将气体分子对光的吸收转换为声信号，并采用声探测器直接测量声信号，使系统具有精度高、稳定性好等特点；当光声池中没有被测气体时，不会产生光声信号，防止了零点漂移现象的产生；根据不同气体分子具有不同的吸收光谱，可以在一个光声池内实现同时检测多种气体。

2.GPRS 移动通信技术

（1）GPRS 技术简介

GPRS 是 General Packet Radio Service 的简称，指通用分组无线业务。它产生于第二代移动通信技术向第三代移动通信技术过渡阶段，因此通常被称为 2.5 代移动通信标准。GPRS 是 GSM 到 3G 移动通信技术的过渡产物，但由于它在很多方面具有显著优势，因此被广泛地应用于无线传输系统中。

GPRS 网络是在 GSM 网络之上叠加而成的新网络，它利用了 GSM 网络中没有使用的 TDMA 通道。GPRS 网络在原有的 GSM 网络中增加了 GPRS 服务支持节点，GPRS 网关支持节点和分组控制单元（PCU，Package Control Unit）等功能实体，并对依据 GSM 标准的基站软硬件进行相应的更新，使得 GPRS 网络支持分组数据交换技术。与 GSM 网络采用电路交换技术不同，GPRS 网络采用分组交换技术，数据在传输前不需要建立数据发送端和接收端之间的专有通信链路，而是根据选路协议选择合适的通信链路将分组数据从发送端传输到接收端，进而提高通信信道的利用率。采用分组交换技术的 GPRS 网络比采用电路交换技术的 GSM 网络的性能更好，因此也得到了更多的应用。

（2）GPRS 的组网方式

使用 GPRS 网络进行远程无线数据传输时，根据监测系统的要求和自身的特点，可以选择不同的组网方式，以保证系统的高效运行并降低系统的成本。通常将监测终端负责通信管理和连接的部分用数据终端单元（DTU，Data Terminal Unit）表示。组网方式取决于 DTU 终端和监控中心接入网络的不同方式。

DTU 终端可以使用 SIM 卡接入中国移动互联网（CMNET，China Mobile Internet）。SIM 卡的 IP 地址有两种方式，分别是动态 IP 地址方式和固定 IP 地址方式，一般采用动态 1P 地址方式的 SIM 卡，这是由于固定 IP 地址方式的 SIM 卡费用昂贵。

监控中心接入方式通常有三种，分别是 GPRS 接入方式、Internet 接入方式和专线接入方式。GPRS 接入方式要求监控中心安装 GPRS 终端并绑定固定的 IP 地址，所有的数据在 GPRS 网络内部传输。专线接入方式需要监控中心使用一条 2M 的接入点

（APN，Access Point Name）专线接入中国移动的路由器，与移动公司的 GPRS 网络相连接，用户端的接入路由器必须提供公有 IP 地址。Internet 接入方式要求监测中心通过网络运营商提供的服务连接到 Internet 网络，并向运营商申请公网固定 1P 地址，DTU 终端获得监控中心的 IP 地址后，可以直接利用监控中心的 IP 地址向监测中心传输数据。这种连接方式相对而言比较便捷，同时也具有较高的可靠性，申请固定 IP 地址虽然需要一定的费用，但一般采用这种接入方式较为常见。

第七章 生态环境保护与环境管理

第一节 生态系统与环境保护

一、生态学的基础知识

（一）生态学基本概念

在自然界，各种生物物质结合在一起形成复杂程度不同的各种有机体，这些有机体依照细胞——个体——群落——生态系统的顺序而趋于复杂化。生态学就是研究生命系统与环境系统相互关系的科学。生态学的研究一般从研究生物个体开始，分别研究个体、种群、群落、生态系统等，并形成相应不同层次的生态科学。

生物个体都是具有一定功能的生物系统。个体生态学主要研究有机体如何通过特定的生物化学、形态解剖、生理和行为机制去适应其生存环境。

种群是指在一定时间内和一定空间地域内一群同种个体组成的生态系统。种群生态学讨论的重点是有机体的种群大小如何调节，它们的行为以及它们的进化等问题。种群既体现每个个体的特性，又具有独特的群体特征，如团聚和组群特征等。

群落是指在一定时间内居住于一定生境中的各种群组成的生物系统。群落生态学研究中，人们最感兴趣的是生物多样性，生物的分布、相互作用及作用机制等。现代生态学除研究自然生态外，还将人类包括其中。我国著名生态学家马世骏教授认为，生态学是一门包括人类在内的自然科学，也是一门包括自然在内的人文科学，并提出"社会——经济——自然复合生态系统"的概念。这样，生态学研究就包括更为宏观、广阔的内容，即景观生态学和全球生态学（生物圈）。

（二）生态系统

在一定范围内由生物群落中的一切有机体与其环境组成的具有一定功能的综合统

一体，称为生态系统。在生态系统内，由能量的流动导致形成一定的营养结构、生物多样性和物质循环。换句话说，生态系统就是一个相互进行物质和能量交换的，生物与非生物部分构成的相对稳定的系统，它是生物与环境之间构成的一个功能整体，是生物圈能量和物质循环的一个功能单位。

生态系统一般主要指自然生态系统。由于当代人类活动及其影响几乎遍及世界的每一个角落，地球上已很少有纯粹的未受人类干扰的自然生态系统，生态学研究的大部分生态系统是半人工、半自然的生态系统（如农业生态系统），甚至完全是人工建造的生态系统（如城市生态系统）。

生态系统是一个很广泛的概念，任何生物群体与其环境组成的自然体都可视为一个生态系统。如一块草地、一片森林是生态系统，一条河流、一座山脉是生态系统，而水库、城市和农田等也是人工生态系统。小的生态系统组成大的生态系统，简单的生态系统构成复杂的生态系统。形形色色、丰富多彩的生态系统构成生物圈。

生态系统是一个将生物与其环境视为统一体认识的概念，因此在生态学中，生态系统是一个空间范围不太确定的术语，可以适用于各种大小不同的生物群落及其环境。例如，最小的生态系统可以是一个树桩上的生物与其环境，中等尺度的生态系统如森林群丛等，大的生态系统可以是一个流域、一个区域或海洋等。

1. 生态系统的组成

任何生态系统都是由两部分组成，即生物部分（生物群落）和非生物部分（环境因素）。生物部分包括植物群落（生产者）、动物群落（消费者）、微生物群落和真菌群落（分解者或称还原者）。非生物部分（环境）包括所有物理的和化学的因子，如气候因子和土壤条件等。非生物因子对生态系统的结构和类型起决定性作用。对陆地生态系统来说，在各种非生物因素中，起决定作用的是水分和热量。水分决定着生态系统是森林、草原还是荒漠。年降雨量在750毫米以上的地区可以形成稳定的森林、草原生态系统；年降雨量在250毫米以下，其水分甚至不足以支持建立一层完整的草被，从而形成草丛疏落、地面裸露的荒漠生态系统。温度决定着常绿、落叶或阔叶、针叶这些生态系统特征。土壤条件由于其本身的复杂性，对生态系统产生的影响也是复杂的，但它对生态系统的多样性有着重要贡献。

2. 生态系统的结构

生态系统的结构是指构成生态系统的要素及其时空分布和物质、能量循环转移的路径。它包括形态结构和营养结构。

（1）形态结构

生态系统中的生物种类、种群数量、种群的空间配置（水平分布、垂直分布）、种群的时间变化（发育、季相）等构成生态系统的形态结构。例如，一个森林生态系统中的动物、植物和微生物的种类和数量基本上是稳定的。在空间分布广，自上而下具有明显的分层现象。地上有乔木、灌木、草本、苔藓；地下有浅根系、深根系及其根际微生物。在森林中栖息的各种动物，也都有其相对的空间位置：鸟类在树上筑巢，兽类在地面筑窝，鼠类在地下掘洞。在水平分布上，林缘和林内的植物、动物的分布也明显不同。植物的种类、数量及其空间位置是生态系统的骨架。

（2）营养结构

生态系统各组成部分之间建立起来的营养关系，构成了生态系统的营养结构。由于各生态系统的环境、生产者、消费者和还原者不同，构成了各自的营养结构。营养结构是生态系统中能量流动和物质循环的基础。

生态系统中，由食物关系将多种生物链接起来，一种生物以另一种生物为食，而后一种生物再以第三种生物为食……彼此形成一个以食物连接起来的连锁关系，称为食物链。按照生物间的相互关系，一般又可把食物链分成捕食性食物链、碎食性食物链、寄生性食物链和腐生性食物链四类。病虫害的生物防治即是食物链的理论应用。

在生态系统中，一种消费者往往不仅仅只吃一种食物，而且同一种食物又可能被不同的消费者所食。因此，各食物链之间又可以相互交错相连，形成复杂的网状食物关系，称为食物网。食物网作为一系列食物链的连锁关系，本质上反映了生态系统中各有机体之间的相互捕食关系和广泛的适应性。自然界中普遍存在着的食物网，不仅维系着一个生态系统的平衡和自我调节能力，而且推动着有机界的进化，成为自然界发展演化的生命网，进而增加了生态系统的稳定性。

3. 生态系统的特点

（1）生态系统结构的整体性

生态系统是一个有层次的结构整体。在生物系统的个体、种群、群落和生态系统的四个层次中，随着层次的升高，不断赋予生态系统新的内涵，但各个层次都始终相互联系着，低层次是构成高层次的基础，构成一种有层次的结构整体。

任何一个生态系统又都是由生物和非生物两部分组成的纵横交错的复杂网络，组成系统的各个因子相互联系、相互作用但又彼此制约，最终使系统各因子协调一致，形成一个比较稳定的整体。例如，在一个生态系统中，仅植物的构成就有上层林木、下层林木、灌木、草本植物、地被植物（如苔藓、地衣）等层次，破坏其中一个层次，如砍伐高大的树木，就会使下层喜阴植物受到伤害，系统失去平衡，有时甚至向恶性循环转化。

生态系统结构的整体性决定着系统的功能。结构的改变必然导致功能的改变。反之，通过观察功能的改变也可以推知系统结构的变化趋势。生态系统存在和运行的基本保证是营养物质的循环和系统中能量的流动。这种运动一经破坏，系统也会崩溃。生态系统物质循环和能量转化率超高，则系统的功能就越强。

在生态系统中，植物之间通过竞争、共生等作用相互制约，动物与植物之间、动物与动物之间，通过食物链相互联系。在生物与非生物之间，其相互作用更为明显。其中，水分的变化所带来的影响最为显著。例如，在新疆等干旱地区，许多生态系统靠地下水维持。地下水开采过多，就会造成地下水位下降，当下降到地面植物根系不可及的程度时，地面植物就会死亡，土地荒漠化也就接踵而至，整个生态系统就会被摧毁。相反，在引水灌溉时，若给水过多，则地下水位就上升，喜水植物会增加，继而因强烈的蒸发导致盐分在土壤表面积聚，于是导致土壤盐渍化，进而造成植被稀疏化，生态系统也趋于逆向演替。

（2）生态系统的开放性

任何生态系统都是开放性的系统，与周围环境有着千丝万缕的联系。一个生态系统的变化往往会影响到其他生态系统。例如，一个山地生态系统，由于森林植被破坏而导致水土流失、鸟兽飞迁、地貌变化，不仅使本系统发生变化，而且由于失去森林涵养水源、"削洪补枯"的调节作用，影响径流，加重下游平原地区的洪旱灾害，也可造成河流、湖泊的淤塞和影响河水、湖水的生态系统。

生态系统的开放性具有两个方面的意义：一是使生态系统可为人类服务，可被人类利用。例如，人类利用农业生态系统的开放性，使之输出粮食和果蔬，利用自然生态系统输出的水分改善局部小气候，提高农业产量。二是使人类可以通过增大对生态系统的物质和能量输入，改善系统的结构，增强系统的功能。正是由于生态系统具有开放性特征，才使它与人类社会更紧密地联系在一起，成为人类生存和发展的重要资源来源。

（3）生态系统的区域分异性

生态系统具有明显的区域分异性。海洋和陆地是两大类完全不同的生态系统；森林、草原、荒漠生态系统具有明显的区域分布特征；山地、草原、河湖、沼泽等不同的生态系统不仅其结构不同，而且同一类生态系统在不同的区域其结构和运行特点也不相同。我国是一个受季风气候影响且多山的国家，气候多变，水土各异，物种多样，形成了多种多样的生态系统。这种特点既为资源的多样性提供了基础，也为合理开发利用和保护增加了难度。

（4）生态系统的可变性

生态系统的平衡和稳定总是相对的、暂时的，而系统的不平衡和变化是绝对的、长期的。一般来说，生态系统的组成层次越多，结构越复杂，系统就越趋于稳定，当受到外界干扰后，恢复其功能的自动调节能力也较强；相反，系统结构越单一，越趋于脆弱，稳定性越差，稍受干扰，系统就可能被破坏。例如，人工营造的纯林，因其组成单一、结构简单，极易受到病虫危害和发生营养缺乏等问题。

能引起生态系统变化的因素很多，有自然的，也有人为的。自然因素如雷电引起的森林火灾造成的森林生态系统变化，长期干旱造成的生态系统的变化等。一般来说，自然因素对生态系统的影响多是缓慢的、渐进的。人为影响是现代社会中导致生态系统变化的主因，其影响多为突发性的和毁灭性的。

生态系统的变化，有的有利于人类，有的不利于人类。改善生态环境，就是通过人工干预，使生态环境和生态系统向有利于人类的方向发展。

（三）自然、经济、社会复合生态系统

自然、经济、社会正越来越紧密地联系成为一个有序运动的统一整体。当代生态环境实质上是人地关系高度综合的产物。

1. 复合生态系统的结构和功能

复合生态系统的结构即是组成系统的各部分、各要素在空间上的配置和联系。复合生态系统通过系统各要素之间、各子系统之间的有机组合（通过生物地球化学循环、投入产出的生产代谢，以及物质供需和废物处理等），形成一个内在联系的统一整体。一方面，自然生态系统以其固有的成分及其物质流和能量流运动，控制着人类的经济社会活动；另一方面，人又具有能动性，人类的经济社会活动在不断地改变着能量流动与物质循环过程，对复合生态系统的发展和变化起着决定作用。二者互相作用、互相制约，形成一个复杂的以人类活动为中心的复合生态系统。这个系统结构复杂、层次有序，并具有多向反馈的功能。

复合生态系统的功能与其结构相适应。自然生态系统具有资源再生功能和还原净化功能。它为人类提供自然物质来源，接纳、吸收、转化人类活动排放到环境中的有毒有害物质，自然系统中以特定方式循环流动的物质和能量，如碳、氢、氧、氮、磷、硫、太阳辐射能等的循环流动，不仅维持着自然生态系统的永续运动，而且也是人类生存和繁衍不可缺少的化学元素；自然系统的水、矿物、生物等其他物质通过生产进入人工生态系统，参与高一级的物质循环过程。它们都是社会经济活动不可缺少的资源和能源。显然，自然生态系统是人类生存和发展的物质基础，人工生态系统具有生产、生活、服务和享受的功能。

2. 复合生态系统的基本特征

复合生态系统是在自然生态系统的基础上，经人类加工改造形成的适于人类生存和发展的复合系统。它既不单纯是自然系统，也不单纯是人工系统。复合生态系统的

演化既遵循自然发展规律，也遵循经济社会发展规律。为满足人类发展的需要，它既具有自然系统的资源、能源等物质来源的功能，维持人类的生存和延续，又具有人工系统的生产、生活、舒适、享受的功能，推动社会的发展。

复合生态系统具有整体性。复合生态系统是由自然、经济、社会三个部分交织而成的不可分割的统一整体。其中，组成生态系统的各要素及各部分相互联系、互相制约，任何一个要素的变化都会影响整个系统的平衡，并影响系统的发展，以实现新的平衡。

复合生态系统是一个开放性的系统。原材料、燃料要输入，产品、废物要输出，因此，复合生态系统的稳定性不仅取决于生态系统的容量，而且也取决于与外界进行物质交换和能量流动的水平。

复合生态系统具有一定的承载能力。复合生态系统的承载能力是有限的，超负荷则破坏生态平衡。因此，生态系统具有脆弱性、不稳定性，以及在一定限度内的可以自我调节的功能。复合生态系统在长期的演变过程中逐步建立起自我调节系统，可在一定限度内维持本身的相对稳定，同时其具有的人工调节功能，对来自外界的冲击能够通过人工调节进行补偿和缓冲，从而维持环境系统的稳定性。

二、生态环境保护的基本原理

为有效地保护生态环境，需要遵循一些基本原理。一是生态系统结构与功能的相对应原理，通过保护结构的完整性来达到保持生态系统环境功能的目的；二是将经济社会与环境看作一个相互联系、互相影响的复合系统，寻求相互间的协调，并寻求随着人类社会进步，不断改善生态环境以建立新的协调关系的途径；三是将保护生态环境的核心——生物多样性放在首要和优先的位置上；四是将普遍性与特殊性相结合，特别关注特殊性问题，如结合我国国情，东西南北各不相同，各地都有不同的保护目标和保护对象，因而在注意普遍性问题时，对特殊性问题给予特别的关注；五是关注重大生态环境问题，将解决重大生态环境问题与恢复和提高生态环境功能紧密结合，以适应经济、社会和人类精神文明不断发展的需要。

（一）保护生态系统结构的整体性和运行的连续性

从人类的功利主义和思维定式出发，保护生态环境的首要目的是保护那些能为人类自身生存和发展服务的生态功能。但是，生态系统的功能是以系统完整的结构和良好的运行为基础的，功能寓于结构之中，体现在运行过程中；功能是系统结构特点和质量的外在体现，高效的功能取决于稳定的结构和连续不断的运行过程。因此，生态环境保护也是从功能保护着眼，从系统结构保护入手。

例如，森林生态系统具有保持水土的环境功能。这种功能是由有层次的林冠结构和枝干阻截雨水，林下地被植物和枯枝败叶层吸收水分，根系作用疏松土壤增加土壤持水性，以及林木的枝干和枯落物减弱雨滴的动能，从而防止其直接打击土壤表面造成土壤侵蚀等综合作用的结果。这种功能是以植物与土壤共存并形成森林生态系统为基础的。这个结构如受破坏或结构残缺不全，如树木零落、枝叶稀疏、地被植物或枯枝败叶被清除，都会使系统保持水土功能下降。因此，生态系统的保护，要保护系统结构的完整性。生态系统结构的完整性包括如下几个方面。

1. 地域连续性

分布地域的连续性是生态系统存在和长久维持的重要条件。现代研究表明，岛屿生态系统是不稳定或脆弱的。由于岛屿受到阻隔作用，与外界缺乏物质和遗传信息的交流，因而对干扰的抗性低，受影响后恢复能力差。近代已灭绝的哺乳动物和鸟类，大约75%是生活在岛屿上的物种。

由于人类开发利用土地的规模越来越大，将野生生物的生境切割成一块块越来越小的处于人类包围中的"小岛"，使之成为易受干扰和破坏的岛状生态环境，破坏了生态系统的完整性，也加速了物种灭绝的进程。在世界上已建立的保护区内，物种仍在不断减少，其原因也是由于自然保护区大多是一些岛屿状生境，无法维持生物多样性的长期存在。

2. 物种多样性

物种的多样性是构成生态系统多样性的基础，也是使生态系统趋于稳定的重要因素。物种与生态系统整体性的关系，可用"铆钉"去除理论做出形象的说明：当从飞机机翼上选择适当的位置拔掉一个或几个铆钉时，造成的影响可能是微不足道的；当铆钉一个接一个地被拔去时，危险就逐渐逼近；每一个铆钉的拔除都增加了下一个铆钉断裂的危险，当铆钉被拔到一定数量时，飞机必然解体。

在生态系统中，每一个物种的灭绝就犹如飞机损失了一个铆钉。虽然一个物种的损失可能微不足道，但却增加了其余物种灭绝的危险；当物种灭绝到一定程度时，生态系统就会被彻底破坏。在我国热带雨林中曾观察到，砍掉了最高的望天树，其余的树木就将受到严重的影响，因为有很多树木是靠望天树的荫庇才能够生存的。

自然形成的物种多样性是生物与其环境长期作用和适应的结果。环境条件越是严酷，如干旱、高寒、多风和荒漠地带，物种的多样性越低，生态系统也就越脆弱，越不稳定。在这种条件下，破坏了一两种物种，就可能使生态系统全部瓦解。如在我国西北，胡杨树、红柳等沙漠植物被砍伐后，很快招致土地沙漠化，生态系统完全被毁灭。

3. 生物组成的协调性

植物之间、动物之间以及植物和动物之间长期形成的协调性，是生态系统结构整体性和维持系统稳定性的重要条件，破坏了这种协调关系，就可能使生态平衡受到严重破坏。

动物之间的捕食与被捕食关系对于维持生态系统的协调和平衡具有重要意义。在植物和动物之间，须特别注意保护单一食性动物的食料来源。在这方面，大熊猫和箭竹的关系最能说明问题。实际上，在任何生态系统中，当植物受到影响时，都会不同程度地影响到相关动物的生存。

4. 环境条件匹配性

生态系统结构的完整性也包括无生命的环境因子在内。土壤、水和植被三者是构成生态系统的重要支柱，它们之间的匹配性对生态系统的盛衰具有决定性意义。环境的匹配性首推水分。水分供应充足、均匀或应时，水质好，都对生态系统有重要影响。土壤的影响很复杂，氮、磷、钾肥分的适当配比、土壤的结构、性质和有机质的含量，都有重要影响。

影响生态系统环境功能甚至影响系统自身稳定性的另一个关键是生态过程，主要是物质的循环和能量的流动两个主要过程。这个运行过程必须持续进行，削减这一过程或切断运行中的某一环节，都会使生态系统恶化甚至完全崩溃。

保持生态系统物质循环的根本措施是任一种元素（物质）从某个环节被移出系统之外，都必须以一定的方式予以补充。例如，在农田生态的物质循环中，当作物收获带走养分时，就需要施肥予以补充。同理，当某地植被因开发建设活动遭到破坏或清除时，就需要人工补建绿色植被予以补偿，从而维持物质的循环作用。

能量流动是指来自太阳的光能经植物光合作用变为有机物（化学能）被储存起来，然后沿植物、动物和微生物的方向被传递。构成能量流动的核心是绿色植物，因此，能量流动的持续性也是以绿色植物的保护为核心的。

（二）保持生态系统的再生产能力

生态系统都有一定的再生和恢复功能。一般来说，组成生态系统的层次越多，结构越复杂，系统越趋于稳定，受到外力干扰后，恢复其功能的自我调节能力也越强。相反，越简单的系统越显得脆弱，受外力作用后，其恢复能力也越弱。

生态系统的再生与恢复功能受两种作用左右，一是生物的生殖潜力，二是环境的制约能力。生物的生殖潜力一般较大，而且越是处于生物链底层的生物其生殖潜力越大，越是处于食物链顶端的生物其生殖潜力越小。如昆虫和老鼠，其生殖潜力非常之大，尽管人们千方百计地除虫和灭鼠，虫害和鼠害却一天重似一天。相反，鸟类的生殖潜力则较小，受到的制约因素也较多。环境的制约力包括无机环境的制约力和生物天敌的制约力，前者如水分缺乏、种子萌发条件的不足以及栖居地的狭小等，后者如天敌种类的多少、种类数量的大小等。

为保持生态系统的再生与恢复能力，一般应遵循如下基本原理：保持一定的生境范围或寻找条件类似的替代生境，使生态环境得以就地恢复或异地重建；保持生态系统恢复或重建所必需的环境条件；保护尽可能多的物种和生境类型，使重建或恢复后的生态系统趋于稳定；保护生物群落和生态系统的关键种，即保护能决定生态系统结构和动态的生物种或建群种；保护居于食物链顶端的生物及其生境；对于退化中的生态系统，应推进主要生态条件的改善；以可持续的方式开发利用生物资源。

许多生态系统的变化或破坏，是由于人类过度开发利用其中的某些生物资源造成的；而生态系统结构的恶化，使生物资源的生产能力降低，从而又加剧对其他生态系统的压力，并最终影响到人类经济社会的可持续发展。所以，从保障人类社会可持续发展出发，对于可再生资源的利用，应注意的是：将人类开发和获取生物资源的规模和强度限制在资源再生产的速率之下，不因过度消耗资源而导致其枯竭。例如，森林限量砍伐、不超过森林生长量（采补平衡）；鱼类限量捕捞或限制网目、规定捕鱼期和禁渔期，保障鱼类的再生产；鼓励生物资源利用对象和利用方式的多样化，减轻对某种资源的开发压力；改善生物资源生存与养育的环境条件，即改善生态环境，提高生物资源的生产力。

（三）以保护生物多样性为核心

生物多样性尽管有遗传多样性、物种多样性和生态系统多样性三个层次，但人们关注的焦点是易于观察和采取行动的动植物的物种多样性保护问题，尤其是物种的濒危和灭绝问题。导致动植物物种灭绝的原因主要是人为作用，如砍伐森林、开垦荒地、围垦湿地，以及酷渔滥捕、乱捕滥猎等过度收获某些生物资源。野生生物贸易和商业性利用常导致某些生物资源的过度开发和迅速灭绝。象牙、犀牛角贸易导致大象、犀牛的濒危与灭绝是这方面的典型案例。国内屡禁不绝的野味餐馆是造成一些动物稀少和濒危的重要原因。

建立自然保护区是人类保护生物多样性的主要措施。但保护的效能却不尽如人意。一般而言，为有效进行生物多样性保护，应遵循如下基本原则。

1. 避免物种濒危和灭绝

这是针对物种大规模的灭绝而采取的一种应急措施，主要采取建立自然保护区、捕获繁殖、重新引种、试管授精技术以及建立种子、胚胎和基因库等方法保存物种和基因。

2. 保护生态系统的完整性

这包括保护生态系统类型、结构、组成的完整性和保护生态过程。由于生态因子间紧密的相关性特点，保护生物多样性必须是全面的即保护所有的物种并使之相互平衡，保护所有组成生态系统的非生物因子，不削弱其对生态系统的支持能力；保护所有的生态过程，使其按照固有的内在规律运行。

3. 防止生境损失和干扰

对大多数野生动物来说，最大的威胁来自其生境被分割、缩小、破坏和退化。生境改变一般是将高生物多样性的自然生态系统变为低生物多样性的半自然生态系统，如森林转化为草原或农田，自然的水域或滩涂转化为人工鱼塘或虾池等。另一种过程是将大面积连片的生态系统分割成一个个孤岛，形成脆弱的岛屿生境。现在一些残存生物多样性高的生态系统，如湿地、荒地、原始森林、珊瑚礁等和一些拥有特殊物种的生态系统，已成为生物多样性保护的敏感目标。这类生境的损失，对生物多样性影响十分巨大，有些甚至是毁灭性的。

4. 保持生态系统的自然性

对自然保护区的研究发现，自然保护区中的物种和遗传因子一直不断地受到侵蚀。其原因，除保护区的面积较小、无法避免岛屿生境的作用外，人为干预过多是一个重要原因。由于公园管理要人为地引进物种（如植树）、控制生物、实施管理（如修路、开渠、筑坝）等，都会使自然保护区失去其自然性，进而导致生物多样性的侵蚀。生物多样性保护不单单是保护动植物物种，而且需要保护物种间的关系以及演化过程、生态过程。因此，尽可能保持生态系统的自然性，减少任何人为的干预，是生物多样性保护的法则之一。

5. 可持续地开发利用生态资源

生态资源对人类社会经济的发展有着重要意义，而许多生物资源和生态系统却经常处于人为作用之下。因此，人类开发利用这类资源的方式和强度，对生物多样性有着至关重要的影响。例如，综合和有限度地利用森林的多种非木材产品而不是砍伐木材，实际效益高而持久；农业品种多样性比单作有着更高的生态意义。控制外来物种，保持自然的水文状况，实行可持续利用的管理等，都是保护生物多样性所必不可少的。要避免商业性的过度采伐、猎捕和更替等影响。

6. 恢复被破坏的生态系统和生境

对于已破坏的生态系统，要模仿自然群落来重建整个生物群落。这在生物多样性保护中虽然作用有限，但恢复的生态系统可被人类重新利用，并可减缓对残余的原生生境的压力。在陆地上，生态系统恢复的主要手段是恢复植被，尤其是恢复森林植被。

在陆地生态系统中，森林植被因有比其他生态系统大得多的环境功能，其中包括保护生物多样性的功能，因而是重建生态系统的重点和基础。

（四）保护特殊重要的生境

1. 热带森林

单位面积的热带森林所赋存的植物和动物种最多。例如，亚马孙热带雨林中，1公顷雨林中有胸径 10 厘米以上的树种达 87–300 种。我国的热带森林较少，主要分布在海南岛和云南西双版纳地区。同世界热带森林一样，我国热带森林也是物种最丰富的地区。这些地区受到游牧农业、采薪伐木和商业性采伐的威胁，开发建设项目和农业开垦也是重要的影响因素。

2. 原始森林

我国残存的原始森林很少，因而显得格外珍贵。目前，残存的原始森林大多在峡谷深处、峻岭之巅。这些森林不仅是重要的物种保护库，而且是科学研究的基地。原始森林面临的最大威胁是商业性砍伐和人类活动干扰，而水陆道路的沟通使许多原先人迹罕至的地方通车通航，是导致这些森林消失的主要原因。

3. 湿地生态系统

湿地是开放水体与陆地之间过渡的生态系统，具有特殊的生态结构和功能。按照《关于特别是作为水禽栖息的国际重要湿地公约》的定义，湿地是指沼泽地、沼原、泥炭地或水域，无论是天然的或人工的、永远的或暂时的，其水体是静止的或流动的，是淡水、半咸水或咸水，还包括落潮时深不超过 6 米的海域。

湿地是许多种喜水植物的生长地，也是很多水鸟、水禽的栖息地，并且是许多鱼虾贝类的产卵地和索饵地。湿地是生产力很高的自然生态系统，每平方米平均生产动物蛋白 9 克。湿地有多种生态环境功能，如储蓄水资源、改善小气候、消纳废物、净化水质等。红树林湿地是研究较多且受到高度重视的湿地生态环境。红树林的生态功能包括防风防潮、保护海岸免遭侵蚀，提供木材和化工原料，为许多鱼虾贝类提供繁殖、育肥基地。

湿地受到人类活动的压力主要包括疏干和围垦变为农田，填筑转化为城镇或工业用地，截流水源使湿地变干，养殖业发展特别是将湿地变为人工鱼池或虾池，伐木破坏湿地生态系统，筑路或其他用途挤占湿地等。

4. 荒野地

荒野地是指基本以自然力作用为主尚未被人类活动显著改变的土地，即没有永久性居住区或道路，未强度垦耕或连续放牧的土地。荒野地是人类尚未完全占领的野生生物生境，是现在地球上野生生物得以生存的"生态岛"和主要避难所。荒野地的生态学价值是其他土地不可替代的。荒野地受到的压力是人口增加和经济开发活动的不断蚕食，石油、天然气和其他矿业开发活动的破坏，公路、铁路穿越的分割作用，狩猎和采集采伐活动的干扰，缺乏正确认识导致的盲目开发与破坏等。

5. 珊瑚礁和红树林

珊瑚礁和红树林是海洋中生物多样性最高的地方，又是保护海岸防止侵蚀的重要屏障。珊瑚礁因其具有较高的直接使用价值而使受到破坏的可能性增大。据报道，海南省文昌市椰林湾，曾是个景色秀丽、物产丰饶的地方。湾内有近万亩珊瑚礁。

三、生物多样性及其保护

（一）生物多样性的组成和层次

生物圈中最普遍的特征是生物多样性。生物多样性是指某一区域内遗传基因的品系，物种和生态系统多样性的总和。它涵盖了种内基因变化的多样性、生物物种的多样性和生态系统的多样性三个层次，完整地论述了生命系统中从微观到宏观的不同方面。

物种多样性是指地球上生命有机体的多样性。一般来说，某一物种的活体数量超大，其基因变异性的机会亦越大。但某些物种活体数量的过分增加，亦可能导致其他物种活体数量的减少，甚至减少物种的多样性。生态系统的多样性是指物种存在的生态复合体系的多样性和健康状态，即生物圈内的生境、生物群落和生态过程的多样性。生态系统是所有物种存在的基础。物种的相互依存性和相互制约性形成了生态系统的主要特征——整体性。生物与生境的密切关系形成了生态系统的地域性特征，而生态系统包含众多物种和基因，后又形成了其层次性特征。

由于地球上生物的演化过程会产生新的物种，而新的生态环境又可能导致其他一些物种的消失，所以生物多样性是不断变化的。人类社会从远古发展至今，无论是狩猎、游牧、农耕，还是现代生产的集约化经营，均建立在生物多样性的基础上。正是地球上的生物多样性及其形成的生物资源，构成了人类赖以生存的生命支持系统。然而，人口的急剧增长和大规模的经济活动正使许多物种灭绝，造成生物多样性的损失。这一问题已引起世界的广泛关注，并开始加强对生物多样性的认识和寻求保护生物多样性的途径。

（二）生物多样性保护

世界资源所、世界自然保护同盟、联合国环境规划署及粮农组织、教科文组织于1992 年在《生物多样性公约》中提出保护生物多样性的综合方法，包括六个方面内容：

一是就地保护，选择有代表性的生态系统类型，生物多样性程度高的地点，具有稀有种和濒危种的地点加以保护并进行适宜的管理。

二是异地保护，对保护区周围的地区进行管理，以补充和加强保护区内部的生物多样性。

三是寻找合适的管理方法，兼顾国家对生物多样性的保护和当地居民对生物资源的使用，增加地方从保护项目中所能得到的利益。

四是以动物园、植物园的形式建立异地基因库，在保护濒危（或稀有）动植物物种的同时，对公众进行宣传教育，并为研究人员提供研究对象和基地。

五是在就地保护区和异地保护区，对其指示性物种的种群变化和保护状况进行生态监测。

六是调整现有的国家和国际政策以促进对生境的持续利用（如采取补贴的办法）。

就地保护是生物多样性保护的主要方式。就地保护分为维持生态系统和物种管理两种类型。维持生态系统的管理体系包括国家公园、供研究用的自然区域、海洋保护区和资源开发区。物种管理的体系包括农业生态系统、野生生物避难所、就地基因库、野生动物园和保护区。

第二节　环境管理

一、环境管理的概念

（一）环境管理的基本含义

关于环境管理的含义尚无形成一致看法。但通过多年环境管理的实践，人们对其基本含义有了深层次的理解。20 世纪 70 年代以前，尚未有明确的环境管理的概念，但实际上已经在进行着环境管理工作。所以，这一阶段的环境管理是指对于人类损害环境质量的行为进行的控制活动，这也就是狭义的环境管理。1972 年，斯德哥尔摩人类环境会议以后认为，发展是既满足人类的需要，但又不能超出生物圈的承载能力，确认协调环境与发展目标的方法就是环境管理。

人们对于环境管理的概念是这样认识的："从人类——环境系统出发，通过全面规划、合理布局，运用经济、法律、行政、科技和教育等手段，对人们开发利用、保护和改善环境的活动进行干预或施加影响，以协调人类与环境的关系，使经济建设、城乡建设和环境保护协调发展，达到既能发展经济满足人类的基本需要，又不超过环境的容许极限这一目标的管理活动。"

环境管理的核心问题是遵循生态学规律与经济规律,正确处理发展与环境的关系。环境管理主要是管理人类的活动，通过管理影响人的行为，使人类环境质量与自然环境质量达到一个可以接受的平衡，这就较为明确地说明了环境管理的含义。

1. 狭义的环境管理

狭义的环境管理具有明显的局限性。比如，没能把维护生态平衡纳入环境管理的内容，没有从社会、经济、环境协调发展的高度体现环境管理的内涵，这当然有其历史的原因，也有认识水平的局限，但是狭义的环境管理有其积极价值，主要表现在以下方面。

第一，狭义的环境管理概念鲜明地提出：不但要利用环境，而且要对破坏环境的行为施加影响。这一论点具有划时代的意义。

第二,狭义的环境管理反映了人们对于环境保护的认识过程,至今仍具有现实意义。

2. 广义的环境管理

广义的环境管理系指从"人类——环境"系统出发，通过全面规划、合理布局，使经济建设、城乡建设和环境保护协调发展，实现既能发展经济满足人类的基本需要，又不超出环境的容许极限。这一概念的发展，使环境管理进入了一个新时期。广义的环境管理包括各个有关部门对其负责的环境领域所实施的管理。比如，海洋部门对海洋环境的管理，水利部门对水域环境的管理，农业部门对农业环境的管理，林业部门对林业环境的管理，环保部门对城市环境的管理，等等。这里所讲的环境管理是指各级人民政府的环境管理部门依照国家颁布的政策、法规、标准，对一切影响环境质量的行为所进行的规划、协调和督促监察活动。比如，依法对建设项目进行监督，执行环境影响报告书制度和"三同时"制度；对现有企业的排污情况进行监督，执行排污申报许可证制度、排污收费制度和限期治理制度等。

（二）环境管理的性质

由于环境管理是国家管理的重要组成部分，这就决定了环境管理的性质是国家意志的体现，是政府行为。作为各级地方政府的组成机构，各级环境保护行政主管部门应当在同级人民政府的领导下，根据国家的环境政策、法律、法规和标准，代表国家行使政府职能，对人们的自然行为、经济行为、社会行为进行综合的管理，以维护区域正常的环境秩序。因此，环境管理具有行政管理的权威性和强制性特征。环境管理的权威性表现为环境保护行政主管部门代表国家和政府开展环境管理工作，行使环境保护的权力和职能，政府其他部门要在环保部门的统一监督管理之下，履行国家法律所赋予的环境保护责任和义务；环境管理的强制性表现为在国家法律和政策允许的范围内为实现环境保护目标所采取的强制性对策和措施。

（三）环境管理的特点

环境管理还具有区别于一般行政管理的区域性、综合性、社会性和决策的非程序化特点。

1. 环境管理的区域性

作为一个工作领域，环境管理存在很强的区域性特点。这个特点是由环境问题的区域性、经济发展的区域性、资源配置的区域性、科技发展的区域性和产业结构的区域性等特点所决定的。

2. 环境管理的综合性

它是由环境问题的综合性、管理手段的综合性、管理领域的综合性和应用知识的综合性等特点所决定的。因此，开展环境管理必须从环境与发展综合决策入手，建立地方政府负总责、环保部门统一监督管理、各部门分工负责的管理体制，走区域环境综合治理的发展道路。

环境管理的综合性是区别于一般行政管理的主要特点之一。在实际环境管理工作中，既要充分发挥环境保护部门的职能和作用，又要动员全社会的力量，极大地调动社会各阶层及政府各部门的环境保护的积极性，实施分工合作、综合协调、综合管理。

3. 环境管理的社会性

保护环境就是保护人的环境权和生存权。所以，环境保护是全社会的责任与义务，涉及每个人的切身利益，开展环境管理除了专业力量和专门机构外，还需要社会公众的广泛参与。这意味着一方面要加强环境保护的宣传教育，提高公众的环境意识和参与能力；另一方面要建立健全环境保护的社会公众参与和监督机制，这是强化环境管理的两个重要条件。

4. 环境决策的非程序化特点

决策可分为程序化决策和非程序化决策两种，它是针对组织活动所存在的例行和非例行两种活动而进行分类的。程序化决策是针对诸如材料管理、财务管理、工商税务管理、交通管理等一类例行活动而言的。这类决策可以程序化到呈现出重复和例行状态，可以程序化到制定出一套处理这些决策的固定程序。非程序化决策是指那种从未出现过的，或者其确切的性质和结构还不是很清楚或者相当复杂的决策。诸如新产品的研究和开发、企业的多样化经营、新工厂的扩建、环境执法监督等一类非例行状态的决策。

一般行政管理具有决策的程序化特点，对于重复出现的问题可采用固定的程序来决策、解决。而环境管理中的决策大多数表现为新颖、无结构、具有非寻常的、非重复的例行状态和特点。这是因为每一环境问题的产生具有非例行、非寻常状态，每一个环境问题的处理和解决的程序与方案无法预先设定。因此，环境决策具有明显的非程序化特点，这是环境管理与一般行政管理的一个重要区别。

二、环境管理的内容及分类

管理的内容是由管理目标和管理对象所决定的。环境管理的根本目标是协调发展与环境的关系，涉及人口、经济、社会、资源和环境等重大问题，关系到国民经济的各个方面，因此其管理内容必然是广泛的、复杂的。从总体上说，环境管理的内容可以按管理的范围和管理的性质进行分类。

（一）按环境管理范围分类

1. 资源环境管理

自然资源是国民经济与社会发展的重要物质基础，分为可耗竭资源或不可再生资源（如矿产）和不可耗竭或可再生资源（如森林和草原）两大类。随着工业化发展和人口膨胀，人类对自然资源的巨大需求和大规模的开采消耗，已导致资源基础的削弱、退化和枯竭。如何以最低的环境成本确保自然资源的可持续利用，已成为现代环境管理的重要内容。按资源划分，资源环境管理包括水资源的保护与开发利用，土地资源的管理与可持续利用，森林资源的培育、保护、管理与可持续发展，海洋资源的可持续开发与保护，矿产资源的合理开发利用与保护，草地资源的开发利用与保护，生物多样性保护，能源的合理开发利用与保护等。

2. 区域环境管理

区域环境管理主要是以协调区域经济发展目标与环境目标为目标，进行环境影响预测、制订区域环境规划等。按区域划分，区域环境管理包括整个国土的环境管理，经济协作区和省、自治区、直辖市的环境管理，城市环境管理，以及水域环境管理等。环境问题由于受自然条件、人类活动方式、经济发展水平和环境容量差异的影响，存在着明显的区域性特点。因此，按不同环境功能区划，实施区域性环境管理是科学管理的重要特征。

3. 专业（部门）环境管理

专业（部门）环境管理包括能源环境管理、工业环境管理、农业环境管理、交通运输环境管理、商业和医疗等部门的环境管理以及企业环境管理等。环境问题由于行业性质和污染因子的差异存在着明显的专业性特征。不同的经济领域会产生不同的环境问题，不同的环境要素往往涉及不同的专业领域。有针对性地加强专业化管理，是现代科学管理的基本原则。如何根据行业和污染因子（或环境要素）的特点，调整经济结构和布局，开展清洁生产和生产绿色产品，推广有利环境的实用技术，提高污染防治和生态恢复工程及设施的技术水平，加强和改善专业管理，是环境管理的重要内容。按照行业划分，专业管理包括工业、农业、交通运输业、商业、建筑业等国民经济各部门的管理，以及各行业、企业的环境管理。根据环境要素划分，专业管理包括大气、水、固体废弃物、噪声以及造林绿化、防沙治沙、生物多样性、草地湿地、沿海滩涂等环境管理。

（二）按环境管理性质分类

1. 环境计划管理

计划是一个组织为实现一定目标而科学地预测未来的行动方案，是管理的重要职能。计划主要包括两项基本活动：一是确立目标，二是确定达到这些目标的实施方案。计划能促进和保证管理人员在管理活动中进行有效的管理，其主要任务是制定、执行、检查和调整各部门、各行业、各区域的环境规划，使之成为整个社会经济发展规划的重要组成部分。

2. 环境质量管理

它是为了保持人类生存与健康所必需的环境质量而进行的各项管理工作，包括环境调查、监测、研究、信息交流、检查和评价等内容。保护和改善环境质量是环境管理的中心任务，环境质量管理是环境管理的核心内容。质量管理是组织职能和控制职能的重要体现，组织必要的人力和资源去执行既定的计划，并将计划完成情况和计划目标进行对照，采取措施纠正计划执行中的偏差，以确保计划目标的实现。为落实环境规划，保护和改善环境质量而进行的各项活动，如调查、监测、评价、检查、交流、研究和污染防治等都属于环境质量管理的重要内容。

3. 环境技术管理

通过制定技术标准、技术规程、技术政策、技术发展方向、技术路线、生产工艺和污染防治技术进行环境经济评价，以协调技术经济发展与环境保护的关系，使科学技术的进步既能促进经济不断发展，又能保护好环境。加强环境管理，需要一个非常有效的管理体系。环境管理需要综合运用规划、法治、行政、经济等途径，培养高素质的管理人才，采用先进的管理方式，建立和不断完善组织机构，形成协调管理的机制。要实现这一目标，必须不断健全环境法规、标准体系，建立现代环境管理体系和环境管理信息系统，加强环境教育和宣传，加强科学技术支持能力建设，加强国际科技合作和交流。而这些活动构成了环境技术管理的主要内容。一句话，加强技术管理就是加强技术支持能力建设，依靠科技进步，实现规范、有效、科学的管理。

应该指出，以上按管理范围和管理性质所进行的管理内容分类，只是为了便于研究问题，事实上各类环境管理的内容是相互交叉渗透的，如资源环境管理当中又包括计划管理、质量管理和技术管理。所以说，现代环境管理是一个涉及多种因素的综合管理系统。

三、环境管理的基本原则和手段

（一）环境管理的基本原则

1. 环境具有价值的原则

环境是资源，资源具有价值，环境管理工作就是管理资源的工作，因而就是经济工作，这条原则表明了环境管理的经济属性。环境管理所涉及的问题主要是生产力方面的问题，这条原则表明环境资源的有限性，要求环境管理部门遵循"谁开发谁保护，谁损害谁负担，受益、使用者付费，保护、建设者得利"的原则。环境具有价值的原则，首先要求把生产中环境资源的投入和服务，计入生产成本和产品价格之中，并逐步修改和完善国民经济核算体系；其次指出环境应当遵循社会主义市场经济规律、利用经济手段把环境管理起来，推动人们在开发和利用资源时，充分考虑资源环境的可持续利用问题，自觉地制止资源浪费、破坏、大量消耗等；最后有助于借助各种指标体系把环境管理工作定量化、科学化，有助于把环境管理真正落实到各项工作中去，否则环境保护只能停留在口头上，只能是一种愿望而已。因此这条原则是实施环境管理的基础和前提。

2. 全局和整体效益最优的原则

这条原则表明了环境管理的生态属性，环境管理必须遵循生态规律，这可以从下述三个方面来说明：一是既把环境问题作为社会经济建设中的一个有机组分，又把环境问题作为一个有机联系的整体，从它本身固有的各个方面、各种联系上去考察它，揭示环境总体发展趋势和运动规律，正确处理全局与局部、局部与局部的关系，取得最大的全局和整体效益；二是在制订环境管理方案和组织实施方案时，要对系统内的组成要素或功能群体进行定性和定量分析，把不同层次的管理工作、各经济部门的关系有机联系和协调起来，避免决策失误；三是加强环境规划和区域的综合防治工作，要综合研究区域内的人口、资源、经济结构、自然条件、环境污染和破坏程度等因素，合理安排区域内的生产、建设、生活等活动，制订区域环境规划，统筹解决环境问题，要利用多种手段（包括行政、经济、技术、法律、宣传教育等）来管理环境，实现最佳的整体效益。

3. 综合决策、综合平衡的原则

这条原则表明了环境管理的生态经济属性，环境管理必须遵循生态经济规律。具体表现在：一是保持生态环境的良性循环和控制污染是整个社会大系统中的一个有机组分，应通过把环境保护管理纳入国民经济和社会发展计划，来协调和综合平衡社会经济发展与环境保护之间的关系，在整个社会发展基础上实现环境管理；二是环境管理要有预见性和长远性，密切注视社会经济发展动向可能对环境保护带来的影响，要及时地提出环境对策，防患于未然；要开展环境评价和环境预测工作，尤其要开展经济建设中的环境影响评价工作，使之制度化、规范化；三是要制定和实施综合的、有效的法律、法规，强化环境管理。由此可见，建立大环境管理体系，并包括计划部门、经济部门和其他有关部门共同发挥作用是很重要的。

4. 持续发展的原则

这条原则是环境管理的基本目标，应当贯彻到经济发展、社会发展（如人口）、环境资源、社会福利保障等各项立法及重大决策中，使可持续性通过适当的经济、技术手段和政府干预得以实现。这些手段和干预就是减少自然资产的耗竭速率，使之低于资源再生产速率。例如，可以设计出一些刺激手段，引导企业采用清洁生产工艺和生产非污染商品，引导消费者采用可持续性的消费方式，并推动生产方式的变革等。废物和废能在生产流通中总是会产生的，但是每单位经济活动产生的废物量是可以减少的，只要经济决策中将环境影响全面地、系统地考虑进去，持续增长是可能的。

5. 政府干预和公众参与相结合的原则

这是环境管理组织实施的一条基本原则。环境管理靠政府，政府是环境管理的主体。由于政府在制定政策时要兼顾公平和效率两个方面，公平包括代内公平（包括不同地区和不同国家）和代际公平，连接当代与后代效率则涉及管理成本与实际效果。在确定资源、能源及重要产品的价格时，在决定对某些产品或行业给予补贴时，在对特定的环境与发展政策、计划或重大项目做出决策时，政府必须根据周全的经济、社会和生态信息，审慎地权衡公平与效率。在环境管理中，把政府的干预和公众参与结合起来，通过开展环境教育，增强公众对环境价值的认识和对开展环境保护工作的紧迫感，激发他们自发保护环境的热情，才能有效地督促政府，避免决策失误。因而这条原则对环境管理方案的实施有着重要的意义。

（二）环境管理的基本手段

进行环境管理必须采取强有力的手段，才能收到良好的效果。主要手段有以下方面。

1. 法律手段

环境管理的法律手段是指管理者代表国家和政府，依据国家环境法律、法规所赋予的，并受国家强制力保证实施的，对人们的行为进行管理以保护环境的手段。法律手段是环境管理最基本的手段，是其他手段的保障和支撑，通常亦称为"最终手段"。

法律手段具有以下主要特征。

（1）强制性

法律手段的强制性表现为由国家权力机关或各级政府管理机构依据国家的环境法律、法规将人们的各种行为强制纳入法治化轨道，使环境法律、法规成为人们必须遵守的有利于环境保护的行为准则，具有普遍的约束力。各个部门、单位和每个公民都务必遵守，不得违反。否则，就要将其绳之以法。

（2）权威性

法律手段的权威性表现为法律、法规对人们的约束远远大于行政命令、道德规范和价值观念对人们的约束。法律、法规所确立的行为准则是最高的行为准则。当法律、法规与行政命令、道德规范和价值观念发生冲突和矛盾的时候，人们必须服从法律、法规的要求，估计国家环境法律、法规的要求来调整和规范自己的行为。

（3）规范性

法律手段的规范性表现为法律、法规都有各自规定的内容和相应的解释及执行程序，各种法规应服从法律，各种法律应服从宪法，它们之间并不发生冲突和矛盾。

因此，运用法律手段进行环境管理具有明显的规范性特征。一方面，环境法律、法规对所有的组织和个人做出了统一的行为规定。既规定了人们在一定情况下可以做什么，不可以做什么。同时又以法律规范来作为评价人们行为的标准，哪种行为是合法的，应受到法律的保护；哪种行为是不合法或违法的，应受到法律的制裁。另一方面，法律和法规在对人们的行为规范做出规定的同时，也规定了法律、法规本身的执行程序，告诉执法者什么样的执法程序是合法的，什么样的执法程序是违法的。

（4）共同性

法律手段的共同性表现为法律面前人人平等，没有特殊的公民。不论是国家机关，还是社会团体；不论是政府官员，还是普通公民，都不能超越法律之上，都要在法律的范围内实施自己的行为。

（5）持续性

法律手段的持续性表现为法律、法规具有较强的时间稳定性和持续的有效性。它不同于一般的行政管理规定和规章制度，可以朝令夕改，也不因为领导人的更换或政府权力的交替而发生变化。

应当指出的是，环境管理中的法律手段运用得最好的是市场经济体制和法律体系比较完备的工业发达国家，而法律手段在发展中国家发挥的作用很小，这是世界范围内带有普遍性的问题。但可以预见，随着社会法治化进程的加快，客观存在的这种差别将不断缩短。

2. 经济手段

环境管理的经济手段是指管理者根据国家的环境经济政策和经济法规，运用价格、成本、利润、信贷、利息、税收、保险、收费和罚款等经济杠杆来调节各方面的经济利益关系，规范人们的宏观经济行为，培育环保市场以实现环境和经济协调发展的手段。环境管理的经济手段可分为宏观经济手段和微观经济手段两种。

宏观管理的经济手段是指国家运用价格、税收、信贷、保险等经济政策，来引导和规范各种经济行为主体的微观经济活动，以满足环境保护要求，把微观经济活动纳入国家宏观经济可持续发展的轨道上来的途径。

微观管理的经济手段是指管理者运用征收排污费、污染赔款和罚款、押金等经济措施来规范经济行为主体的经济活动，引导和强化企业内部的自主管理，促进污染防治和生态保护的手段。

环境管理经济手段的核心作用是贯彻物质利益原则，将对环境有害活动的外部影响综合到经济核算中。经济手段具有以下主要特征。

（1）利益性

利益性是经济手段的根本特征。它是指经济手段应符合物质利益原则，利用经济手段开展环境管理，其核心是把经济行为主体的环境责任和经济利益结合起来，运用激励原则充分调动企业环境保护的积极性。让企业既主动承担环境保护的责任和义务，又能从中获得有利于自身发展的机遇和外部环境。

（2）间接性

间接性是指国家运用经济手段对各方面经济利益进行调节，来间接控制和干预各经济行为主体的排污行为、生产方式、资源开发与利用方式，促使各经济行为主体自主选择既有利于环境保护，又有利于经济发展的资源开发、生产和经营策略。

（3）有偿性

有偿性是指各经济行为主体在环境责任与经济利益方面应遵循等价交换的原则。即实行谁开发谁保护、谁利用谁补偿、谁破坏谁恢复、谁污染谁治理的"使用者支付原则"。环境资源是发展经济的基础，但发展经济不能损害或降低环境资源的价值存量。无论是资源开发活动，还是企业生产行为，在获取经济利益的同时，必须以增加环境保护投入、缴纳排污费或污染赔款等形式来承担与此相应的环境责任，消除由此所造成的环境破坏和影响。

3. 行政手段

行政手段是指国家级和地方级政府机关，根据国家行政法规所赋予的组织和指挥权力，对环境资源保护工作实施行政决策和管理。主要包括环境管理部门定期或不定期地向同级政府机关报告本地区的环保情况和工作，对贯彻国家有关环保方针、政策提出具体意见和建议；组织制定国家和地方的环境保护政策、工作计划和环境规划，并把这些计划和规划报请政府审批，使之具有行政法规效力；运用行政权力对某些区域采取特定措施，如划为自然保护区、重点污染防治区、环境保护特区等；对一些污染严重的工业企业要求其进行限期治理，甚至勒令其关、停、并、转、迁；对易产生污染的工程设施和项目采取行政制约的办法，如审批开发建设项目的环境影响评价书，审批新建、扩建、改建项目的"三同时"设计方案，审批有毒有害化学品的生产、进口和使用，管理珍稀动植物物种及其产品的出口、贸易事宜，等等。行政手段是行政管理的基本手段，它具有以下主要特征。

（1）权威性

用行政手段开展环境管理，起主要作用的是管理者的权威。这是因为行政手段的有效性和所发出指令的接受率以及上下级之间的沟通，在很大程度上取决于管理者的权威。管理者的权威越高，被管理者对管理者所发出指令的接收率就越高，上下级之间的沟通情况就越顺利。因此，提高管理者的权威是提高行政手段有效性的前提。

（2）强制性

行政手段是通过行政命令、指示、规定或指标性计划等来对管理对象进行指挥和控制，因而就必然具有强制性。但是这种强制性与法律手段的强制性又有所不同。从强度上看，法律手段的强制程度高，而行政手段的强制程度则相对低一些。它主要强调原则上的高度统一，并不排斥人们在手段上的灵活多样性；从制约范围上看，法律手段的强制性对管理系统的子系统和任何个体都是一致的，而行政手段的强制性，一般只对特定的部门或特定的对象才有效。

（3）具体性

行政手段的具体性一方面表现在从行政命令发布的对象到命令的内容都是具体的，

另一方面表现在行政手段在实施的具体方式、方法上因对象、目的和时间的变化而变化。因此，它往往只对某一特定时间和对象有用，否则是无效的。

（4）无偿性

运用行政手段开展环境管理，管理者可根据上级的有关规定和环境保护目标要求，有权对下级的人、财、物和技术进行调动和使用，有权对经济行为主体的生产与开发行为进行统一管理，不实行等价交换的原则，因而具有明显的无偿性特征。

4. 技术手段

技术手段是指管理者为实现环境保护目标所采取的环境工程、环境监测、环境预测、环境评价、决策分析等技术，以达到强化环境执法监督的手段。具体包括制定环境质量标准、组织开展环境影响评价、编写环境质量报告书、总结推广防治污染的先进经验、开展国际环境科学的交流合作、制定环境技术政策等。许多环境、法律、法规、政策的制定、实施都涉及很多科学技术问题，所以环境问题解决得如何，在很大程度上取决于科学技术。没有先进的科学技术，不仅发现不了环境问题，并且就算及时发现了，环境污染和破坏也难以控制。例如，兴建一项大型工程、围湖造田、施用化肥和农药，常常会产生负的环境效应，就说明人类没有掌握足够的知识，没有科学地预见到人类活动对环境的反作用。环境管理的技术手段可分为宏观管理技术手段和微观管理技术手段两个层次。

（1）宏观管理技术手段

环境管理的宏观技术手段属于决策技术的范畴，是一类"软技术"。它是指管理者为开展宏观管理所采用的各种定量化、半定量化以及程度化的分析技术。这类技术包括环境预测技术、环境评价技术和环境决策技术。

环境预测与评价技术是指区域政策及重大决策的预测与评价技术，包括灰色预测与评价技术、模糊预测与评价技术、马尔可夫链状预测与评价技术等。环境决策技术按量化程度可分为定量决策技术、定性决策技术，根据决策结果的确定性程度可分为确定性决策技术和非确定性决策技术，按解决环境问题的过程可分为单阶段决策技术和多阶段决策技术，按决策问题包含的目标多少可分为单目标决策技术和多目标决策技术。

（2）微观管理技术手段

环境管理的微观技术手段属于应用技术的范畴，是一类硬技术。它是指管理者运用各种具体的环境保护技术来规范各类经济行为主体的生产与开发活动，对企业生产和资源开发过程中的污染防治和生态保护活动实施全过程控制和监督管理的手段。

按照环境保护技术的作用来划分，微观管理技术可分为预测技术、治理技术和监督技术三类。预防技术包括污染预测技术和生态预测技术，治理技术包括污染治理技术和生态治理技术，监督技术包括常规监测技术和自动监控技术。

按照环境保护技术的应用领域来划分，微观环境管理技术可分为污染防治技术、生态保护技术和环境监测技术三类。

污染防治技术包括污染预防技术和污染治理技术两个方面。其中，污染预防技术也称为清洁生产技术，它属于生态技术范畴，是指在工业生产过程中，从产品设计开始，力求资源利用最大化、废物排放最小化的全过程控制生产技术。污染治理技术也称为环境工程技术。

生态保护技术也称为生态工程技术，是指对生态系统进行研究、设计，运用生态或生物措施以改善生态系统的结构、恢复其生态系统功能的一类技术。它包括生态建设技术和生态治理技术两个方面。

环境监测技术包括污染监测技术和生态监测技术两个方面，技术手段具有规范性特征。所谓规范性是指各种技术在操作和应用过程中，必须严格按照技术要求和技术规程的特性，这是技术手段所具有的主要特征。

5. 教育手段

教育手段是指通过基础的、专业的和社会的环境教育，不断提高环保人员的业务水平和社会公民的环境意识，来实现科学管理环境以及提倡社会监督的环境管理措施。这是环境管理的一项战略性措施。环境管理的教育手段是指运用各种形式开展环境保护的宣传教育，以增强人们的环境意识和环境保护专业知识的手段。环境教育包括学历环境教育、基础环境教育、公众环境教育和成人环境教育四种形式和内容。例如，以高等院校为主体培养专业环境保护人才的教育就是学历或专业环境教育。各类大、中、小学所开展的环境保护科普宣传教育就是环境基础教育。结合"65"世界环境日、"422"世界地球日、"3·22"世界水日等纪念日以及国家重大环境保护行动，通过新闻报道和社会舆论宣传，面对社会公众所开展的不同形式和内容的环境教育就是公众环境教育。环境保护在职岗位培训教育或继续教育就是成人环境教育。这四者相互补充、相互促进，构成了环境教育的全部内容。

其中，公众环境教育是环境教育中的主要内容和任务，开展这类环境教育主要是通过新闻媒体和公众宣传两种途径进行的。具体包括新闻报道、广播电视宣传和树立环境保护标识、宣传画报、标语口号、有组织的集会宣传等形式。

参考文献

（1）王燧，宋金洪，武中波，等.环境检测技术的研究和生态可持续发展探讨（J）.全面腐蚀控制，2023，37（01）：57–59.

（2）宋小晴，章佩丽，王昱，等.饮用水源地天—空—地一体化环境监管的实践应用研究（J）.环境科学与管理，2023，48（01）：29–34.

（3）宋俊密，吕康乐.生态环境监测技术存在问题及对策研究（J）.甘肃科技，2022，38（23）：24–26+36.

（4）王宏.区域生态环境水污染的监测与协同控制技术（J）.皮革制作与环保科技，2022，3（22）：121–123.

（5）胡帆，杨子毅，马洪石.GIS 技术在生态环境应急监测中的应用（J）.仪器仪表与分析监测，2022（04）：40–43.

（6）杨千才.基于物联网技术的生态环境监测分析（J）.中国资源综合利用，2022，40（11）：140–142.

（7）才永吉.基于 RS 与 GIS 技术的江仓矿区生态环境监测与评价（D）.青海大学，2016.

（8）庞少君，洪志平，王欣.生态环境监测及环保技术发展分析（J）.化工设计通讯，2022，48（10）：177–179+194.

（9）李国清.基于物联网技术的生态环境监测应用研究（J）.冶金管理，2022（19）：12–14.

（10）王希波.新时期下生态环境监测与环保技术及其应用策略（J）.皮革制作与环保科技，2022，3（19）：33–35.

（11）蔡细荣.环境监测技术在生态环境保护中应用分析（J）.皮革制作与环保科技，2022，3（19）：54–56.

（12）姜德鑫.3S 技术在生态环境监测中的应用（J）.皮革制作与环保科技，2022，3（19）：57–59.

（13）俞言霞.基于大数据分析的生态环境监测与评价研究（J）.皮革制作与环保科技，2022，3（19）：189–191.

（14）杨任能，毕永良.生态环境保护中污染源自动监测技术的运用（J）.皮革制作与环保科技，2022，3（18）：35–37.

（15）唐松.无线传感器网络技术在拉鲁湿地生态环境监测中的应用研究（D）.西藏大学，2015.

（16）陶彧佶.环保视角下生态环境监测技术及其应用研究（J）.山西化工，2022，42（06）：167–169+180.

（17）毕永良，杨任能.生态环境监测物联网关键技术应用分析（J）.皮革制作与环保科技，2022，3（17）：48–50.

（18）李毓琛，白雪，李娟花，等.基于链式区块技术的环境监测系统研究（J）.安徽大学学报（自然科学版），2022，46（05）：27–36.

（19）曹俊萍，王慧.无人机遥感技术在生态环境监测工作中的运用(J).清洗世界，2022，38（08）：143–145.

（20）巨博.3S技术在生态环境监测中的应用（J）.皮革制作与环保科技，2022，3（16）：35–38.

（21）吴双.煤矿沉陷区生态环境遥感监测与评价（D）.中国矿业大学，2021.

（22）易文斌.乐山市五通桥区近十年生态环境遥感动态监测与评价（D）.成都理工大学，2021.